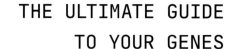

基因之书

英国《科学焦点》杂志 ——编著

涂昀 ——译

重庆大学出版社

图书在版编目（CIP）数据

基因之书 / 英国《科学焦点》杂志编著；涂昀译.

重庆：重庆大学出版社，2025.7. -- （科学前沿）.

ISBN 978-7-5689-5216-3

Ⅰ. Q343.1-49

中国国家版本馆CIP数据核字第20253MP543号

基因之书

JIYIN ZHI SHU

英国《科学焦点》杂志　编著

涂昀　译

责任编辑　王思楠

责任校对　邹　忌

责任印制　赵　晟

装帧设计　武思七

重庆大学出版社出版发行

出版人　陈晓阳

社址　（401331）重庆市沙坪坝区大学城西路 21 号

网址　http://www.cqup.com.cn

印刷　北京利丰雅高长城印刷有限公司

开本：787mm×1092mm　1/16　印张：12.5　字数：260千

2025年7月第1版　2025年7月第1次印刷

ISBN 978-7-5689-5216-3　定价：78.00元

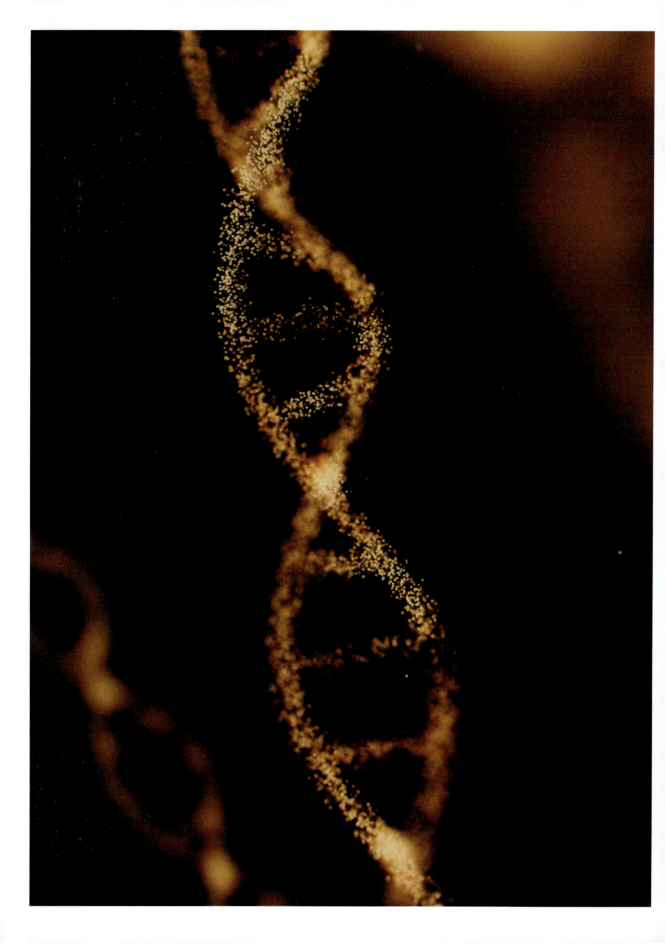

生命密码

1953年的一天，两位生物化学家詹姆斯·沃森（James Watson）和弗朗西斯·克里克（Francis Crick）走进英国剑桥的老鹰酒吧，宣称："我们发现了生命的秘密！"这并不是夸大其词，因为他们解析出了DNA的结构，借此可以解锁许多关于生物繁殖和自我复制的奥秘。

他们的发现在一定程度上是依赖于罗莎琳德·富兰克林（Rosalind Franklin)和她的博士生雷蒙德·戈斯林(Raymond Gosling)的工作。富兰克林和戈斯林拍摄了著名的"照片51号"（Photo 51）——DNA晶体的X射线衍射图片。沃森和克里克通过研究这张照片，推断出了DNA的双螺旋结构。

这个传奇故事只是许多伟大科学发现的例子之一。在科学研究领域，很多重要的突破都是建立在他人的发现和工作基础上的——正如牛顿所说："我之所以比别人看得远些，是因为我站在了巨人的肩上。"同样，站在巨人肩上发现的DNA结构也为人类基因组测序的完成和克隆羊多莉的诞生等成就奠定了基础。

本书首先介绍基因的基础知识，讲述一些您可能听说过但可能不太了解的那些术语——DNA、基因、染色体、碱基对、核苷酸、表观遗传学等。然后，关注基因与生命健康有关的最新进展，如通过基因疗法治疗失明以及逆转衰老，同时还探讨了以个人的基因组信息为基础，为患者量身定制的个性化医疗的新时代。最后，展望了基因领域的未来趋势，涵盖了从克隆技术到基因改造的各种技术前景。本书将帮助您更多地了解是什么让您成为独一无二的自己，并揭示人类和地球上其他生物的未来。

目录
CONTENTS

第一部分

基因的↓秘密

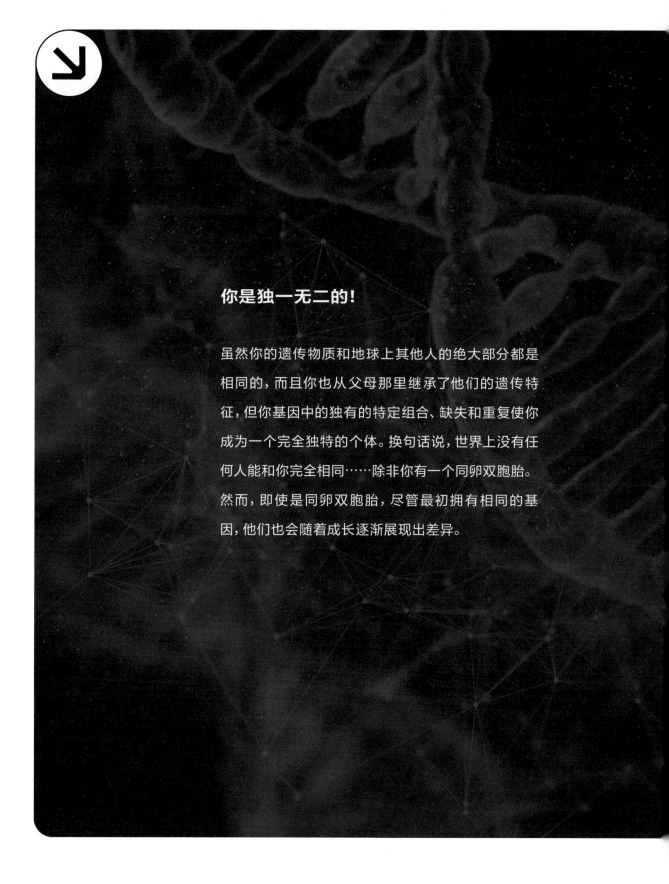

你是独一无二的!

虽然你的遗传物质和地球上其他人的绝大部分都是相同的,而且你也从父母那里继承了他们的遗传特征,但你基因中的独有的特定组合、缺失和重复使你成为一个完全独特的个体。换句话说,世界上没有任何人能和你完全相同……除非你有一个同卵双胞胎。然而,即使是同卵双胞胎,尽管最初拥有相同的基因,他们也会随着成长逐渐展现出差异。

70%

我们和柱头虫大约有 70% 的基因组相似，尽管它们的外形与我们截然不同——它们看起来像个蚯蚓，没有四肢，且通过体内的缝隙来呼吸。

6700亿

单细胞生物——无恒变形虫，是已知最大的基因组的生物之一，多达 6700 亿个碱基对，是人类基因组（30 亿个碱基对）的 200 多倍。

99%

人与黑猩猩的基因组 99% 都是相似的。

如果将人类基因组中的 30 亿个碱基对按字母的形式全部打印出来，每页约 3000 个字母，并装订成书，那么这些书堆起来将有 61 米高。

61米

在光学显微镜下，可以直接观察到染色体但看不到基因。

300

人类 DNA 中仅有 2% 的是编码 DNA，高达 98% 是非编码序列。

2%

如果把人体内所有的 DNA 拉直成一条线，它的总长度足够让你从地球到太阳之间往返超过 300 次。

2003

第一版的人类基因组序列草图于 2003 年正式公布。

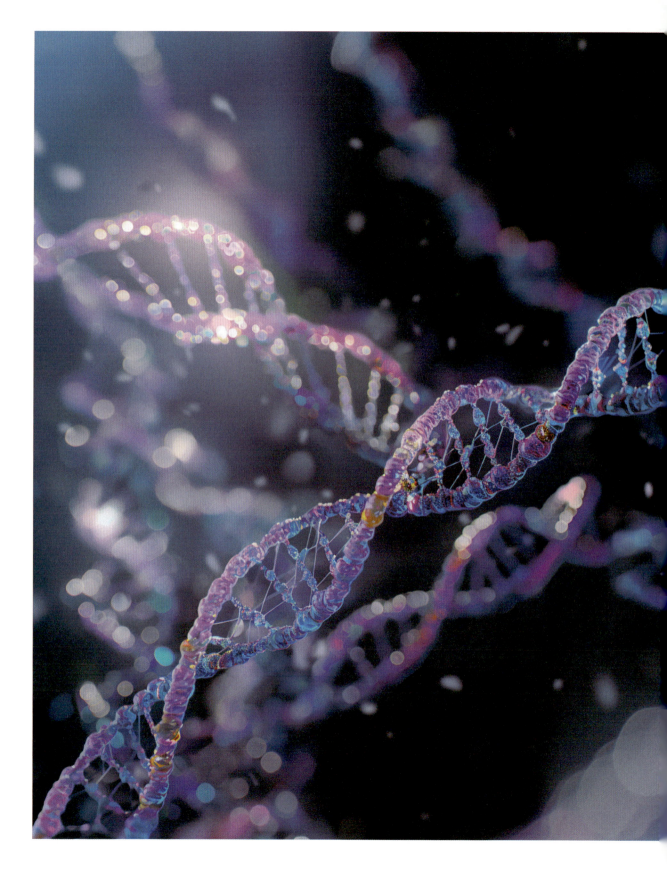

理解
DNA

20世纪50年代，人类发现了DNA的双螺旋结构。从那以后，生命科学飞速发展，从克隆动物的诞生到人类基因组图谱的绘制完成等一系列伟大成就的取得都与之密不可分。下面让我们来认识一下这个复杂的生物大分子，我们需要了解它，因为它对于理解生命至关重要。

DNA是什么?

　　DNA是脱氧核糖核酸（Deoxyribonucleic acid）的简称，在几乎所有生物的细胞中起着核心和关键的作用。它携带了生物体生长、发育和自我修复所需的所有指令。通过复制，DNA将遗传信息从亲代传递给子代，因此动物、植物和微生物都能够将各自的特征遗传给后代。

　　我们人类细胞中的DNA一半来自母亲，另一半来自父亲，这就是为什么我们会继承父母一系列混合的特征。DNA如同一串非常长而复杂的"密码"，每个人的DNA都是独一无二的。这个"基因密码"可以提供很多信息，如我们的先天和潜在的健康问题，等等。

我们对DNA的认识和理解已经彻底改变了整个生物学。它使科学家能够量化生物之间的亲缘关系，从而有助于进一步证明和完善查尔斯·达尔文（Charles Darwin）的进化论。

DNA是如何工作的？

DNA分子结构的发现对于理解DNA的工作原理非常重要。在此之前，科学家们对这种致密、丝状的物质是如何控制生物的特性（如人类头发颜色或鸟喙的形状）一无所知。

在1953年，生物化学家詹姆斯·沃森和弗朗西斯·克里克发现DNA的双螺旋结构，它犹如一个扭曲的长梯子。梯子上的每个"梯级"是由两个碱基相互配对形成的，这些碱基仅有4种类型——腺嘌呤、胞嘧啶、鸟嘌呤和胸腺嘧啶，分别用A、C、G和T表示。其中A和T配对，C和G配对。对于每个生物而言，"楼梯"上的ATCG的排列顺序各不相同，从而形成了一个非常长的密码。人类的DNA约有30亿个"梯级"。

利用现代科学技术，我们可以从细胞中提取DNA，并破译出碱基对排列的确切顺序，从而得到由A、C、T、G这四个字母组成的非常长的字母串。这个复杂的密码在每个人和每个生物体（同卵双胞胎除外）之间都是不尽相同的，这被我们称为DNA序列或基因组序列。

要理解DNA的工作原理，我们必须首先了解蛋白质。蛋白质在细胞中发挥多种多样的功能，而且也参与构建身体内许多复杂的结构。

虽然蛋白质的种类很多，性质、功能各异，但它们都是由氨基酸分子以一定的顺序排列成的长链大分子。

DNA形成的遗传密码就像一种语言，它告诉细胞如何构建它们所需的蛋白质。在编码DNA中，不同的三个字母组合代表不同类型的氨基酸——例如，序列"GCA"是代表一

前页图：
这是 DNA 分子的双螺旋结构模型，它看起来像一个旋转上升的梯子。它由两条长链交织在一起，糖和磷酸基团交互排列形成了"梯柱"，这是 DNA 的"骨架"，DNA 的全称是脱氧核糖核酸，这表明 DNA 中糖是脱氧核糖。碱基对形成了 DNA 分子的"梯级"，每个碱基对由两个相互配对的核苷酸组成。

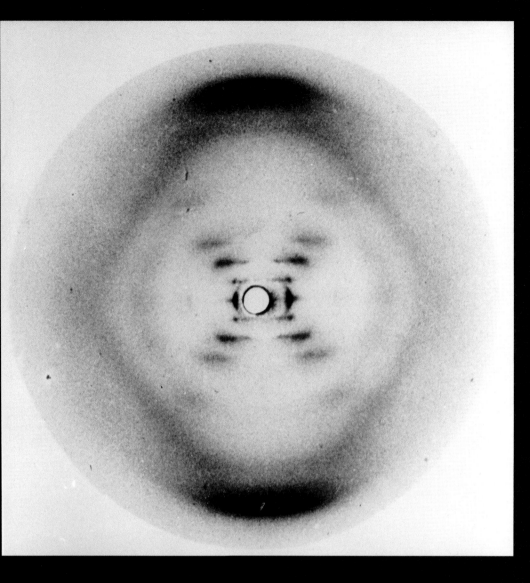

上图是著名的"照片51号"。此照片是雷蒙德·戈斯林于1952年拍摄,他当时是在读博士,正在英国化学家罗莎琳德·富兰克林(见右图)指导下工作。该图案是通过X射线穿过DNA样本形成的。一年后,弗朗西斯·克里克和詹姆斯·沃森正是借助这张照片解开了DNA双螺旋结构的奥秘。这两位科学家以及莫里斯·威尔金斯因这一发现获得了1962年诺贝尔奖。而富兰克林于1958年因癌症去世,享年37岁。

种名为"丙氨酸"的氨基酸密码，而"TGT"代表一种名为半胱氨酸的氨基酸密码。

细胞内有一种分子机制可以"读取"基因的DNA序列。每"读"三个字母，就会将相应的氨基酸添加到一个蛋白质链上。甚至在DNA中，还有表示"停止"的密码子——当"读"到"停止"的时候，就会停止在蛋白质链上继续添加氨基酸，这样蛋白质的合成就完成了。

氨基酸的不同排列和组合方式形成的蛋白质各不相同。蛋白质如同是细胞内的小工人，不同的蛋白质肩负不同的任务和使命。有些蛋白质是微小的化学信使，如激素，负责传递重要的信息。有些蛋白质是坚固的"建筑材料"，帮助我们构建头发、皮肤和肌肉等组织。蛋白质还可以扮演催化剂的角色，参与各种重要的化学反应。此外，它还可以是细胞内的微型"机器"，执行特定的任务。

根据科学家的估计，人体中有数十万种不同的蛋白质，自然界中有数百万种不同的蛋白质。基因发生变化，将会导致细胞生产的蛋白质也发生变化，进而可能会引起一些特征也发生变化。

基因是什么？

基因是DNA序列的一部分，能够编码特定蛋白质，通常与某些功能或身体特征相关。例如，在人类的DNA序列中，有一

上图：
一位科学家正在进行DNA测序，以确定碱基对的排列顺序——碱基对是双链核酸的基本组成单位。

对页图：
为了节省空间，细胞核内的DNA紧密卷绕在组蛋白上，形成结构更紧密的染色体。

个被科学家命名为"OCA2"基因的DNA片段，它决定了眼睛的颜色。这段DNA序列不同，人类眼睛的颜色就不同。例如，蓝眼睛的人与棕色眼睛的人的"OCA2"的DNA序列是不同的。

人们常常认为："一个基因决定一种特性"，其实这是错误的。尽管有这样的情况，但实际比较少见。通常的情况是，一种特性是由多个基因共同决定的。科学家可以通过敲除或改变基因的序列来研究基因的功能，他们常常使用果蝇、线虫或小鼠等动物来做实验。通过将这些动物的某些基因进行改变，观察它们与正常动物的异同，从而更好地理解这些基因的功能。

DNA是如何复制的？

DNA"双螺旋"结构的发现帮助科学家们揭开了DNA分子复制的奥秘。DNA的复制过程非常简单但又十分精妙。在细胞中的其他物质帮助下，DNA的双螺旋结构会被解开，就像拉链从中间分开一样。由于A总是与T配对，C与G配对，因此解开的两条链会分别吸引互补的核苷酸单体到配对的位置上，这样两条链各自形成了一个精确的复制品，与刚刚分裂开的链相对应。

这个复制过程非常重要，因为我们体内的细胞总是不断地分裂和自我复制。如果DNA复制出现错误，细胞就可能收到错误的信号，导致它们不再遵循正常的生长规律。这种异常的生长有时会演变成肿瘤，特别是恶性肿瘤，也就是癌症。

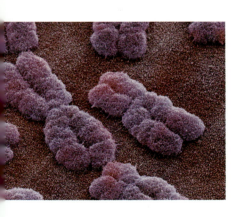

染色体是什么？

动植物细胞中的DNA分子是非常庞大的，因此它们被巧妙地"打包"为染色体。DNA盘绕和折叠起来，既能节省空间，又能让细胞方便地读取DNA中的重要信息。据科学家估计，如果将人体一个细胞中的DNA分子全部展开，其长度约为2米！

人类有23对染色体，绝大部分遗传信息都储存在这23对染色体上（还有少量的遗传信息存储在线粒体上）。每个人都从父母那里各继承了一套23条染色体，因此每个体细胞内共有46条染色体。如果一个人出生时染色体数量多了或少了，都可能会引发健康问题。例如，唐氏综合征患者有三条21号染色体，而正常情况下应该是两条。性染色体比较特殊，有X染色体和Y染色体两种。男性有一条X染色体和一条Y染色体，而女性有两条X染色体。精子和卵子结合形成一个新的细胞，即受精卵。受精卵从父母那里各得到一套23条染色体，所以它会有23对，也就是46条染色体。性别由性染色体决定，XX是女性，XY是男性。性别取决于父亲的精子提供的是X染色体还是Y染色体。不同生物的基因数目和染色体数目是不同的。比如，蚊子只有6条染色体，而一种名为"瓶尔小草"的蕨类植物有1000多条染色体！

有一些研究显示，有些基因可能与高智商或极端反社会行为等特征有关，不过目前这方面的证据还十分有限。更可能的是，许多基因共同作用影响我们的特征，同时我们生活中的经历和环境也会对我们的大脑产生影响。

尽管每个人的DNA序列都是独一无二的，但人与人之间，甚至人与动物之间的DNA序列大部分都是相似的。人与黑猩猩的基因组99%都是相似的，而人与葡萄的基因组也有24%相似！

人与人之间的DNA序列差异非常小——30亿个碱基对中只有0.1%会有所不同。然而正是这些小小的差异造就了我们在外貌和其他特征上的千差万别。此外，表观遗传学的研究表明：基因还可以在我们生命的不同阶段被"开启"或"关闭"，

有关DNA的数据

人类与其他物种的 DNA 相似率

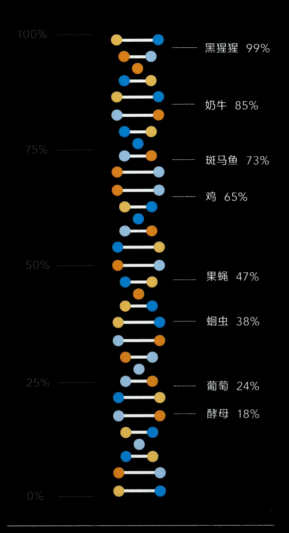

- 黑猩猩 99%
- 奶牛 85%
- 斑马鱼 73%
- 鸡 65%
- 果蝇 47%
- 蛔虫 38%
- 葡萄 24%
- 酵母 18%

100%
75%
50%
25%
0%

最小的细胞生物基因组

112 000

一种名为深渊螺原菌的细菌仅有 11.2 万个核苷酸，是目前已知的最小的细胞生物基因组。

非编码 DNA

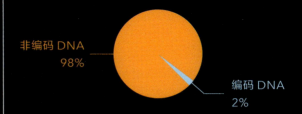

非编码 DNA
98%

编码 DNA
2%

人类 DNA 中高达 98% 是非编码的，这意味着这些片段中是没有编码蛋白质的基因，因此非编码 DNA 曾被科学家们谑称为"垃圾 DNA"。

病毒 DNA

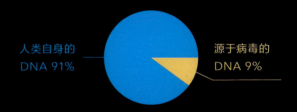

人类自身的
DNA 91%

源于病毒的
DNA 9%

人类基因组中大约有 9% 的 DNA 来自病毒，这是人类灵长类祖先在数百万年间经受感染后遗留下来的痕迹。

DNA 的存储能力

500 000

1 克 DNA 存储的能力相当于 50 万张 DVD 的容量。

这使得基因的表达调控比我们之前想象的更加复杂！表观遗传学是一个相对较新的科学领域，它研究在不改变基因序列的情况下，环境、生活方式及其他因素对基因表达的影响（参阅"先天与后天"）。

DNA能促进演化吗？

DNA 能够自我复制，这对地球上所有生命的演化都至关重要。原始的生命体通过DNA的复制进行繁衍，而在这一过程中，DNA序列可能会发生改变，进而产生不同的特征，形成具有新特征的生命体。

如果某些特征对生物有益，这些生命体就更有可能存活下来，并把这些有益特征遗传给后代。而那些因为变异而不适应环境的生命体，可能更容易死亡或无法繁殖。

经过一代又一代的变化，成功的DNA序列得以延续，而适应性较差的 DNA 序列则逐渐消失。随着时间的推移，地球上的生命变得越来越多样化和复杂，每一代最适应环境的变

对页图：
法医正在提取犯罪现场的血迹样本以便进行 DNA 检测。由于红细胞不含 DNA，所以法医必须从白细胞中提取 DNA。

DNA发现史
DNA 及其结构的发现，帮助科学家在认识生命的密码方面取得了重大突破。

1860s	1944	1952	1953

19 世纪 60 年代，格雷戈尔·孟德尔 (Gregor Mendel) 发现了生物遗传的基本规律。弗里德里希·米歇尔从手术绷带的脓液中分离出了DNA，他称之为核素。

1944 年，奥斯瓦尔德·埃弗里（Oswald Avery）、科林·麦克劳德 (Colin MacLeod) 和麦克林·麦卡锡 (Maclyn Mc-Carty) 证明 DNA 是控制遗传的物质。

1952 年，化学家罗莎琳德·富兰克林的博士生雷蒙德·戈斯林拍摄了"照片 51 号"——用于研究DNA 结构。

1953 年，詹姆斯·沃森（左和弗朗西斯·克里克（右推测出了 DNA 的结构，因此获得了诺贝尔奖。

异体会将它们的基因传给下一代，这就是"自然选择"。早在DNA被发现之前，查尔斯·达尔文就提出了"物竞天择，适者生存"的自然选择理论。

利用DNA能做什么？

我们已经利用DNA做了很多有用的事情，它可以告诉我们关于过去、现在和未来的许多信息：比如我们的祖先是什么样子，我们适合或不适合服用哪些药物，我们可能会患上哪些疾病。我们还可以用它来解决亲子鉴定问题，或者通过分析犯罪现场发现的微量DNA来抓捕罪犯。

但这只是个开始。随着DNA测序变得越来越简单和便宜，许多曾经无法想象的事情现在变得可能。科学家们可以根据每

1972	1996	2003	2015

1972年，保罗·伯格（Paul Berg）成功实现了DNA重组，即将来自不同生物的两个DNA片段拼接在一起。这为基因工程和转基因食品铺平了道路。

1996年，克隆羊多莉诞生（图为多莉和它的小羊合影）。多莉是世界上第一只从成年体细胞克隆出来的哺乳动物。多莉的DNA与供体绵羊的完全相同。

2003年，经过全球科学家们的13年努力，耗资约30亿美元，人类基因组计划基本完成，人类基因组序列草图正式公布。

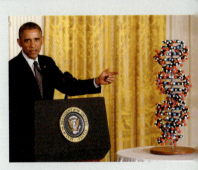

2015年，美国总统贝拉克·奥巴马（Barack Obama）宣布了精准医疗计划，该计划将对100万美国公民的基因组进行测序，旨在帮助科学家更好地了解罕见疾病和精准医疗。

个人独特的基因组合，定制适合他们的药物（参阅"量身定制的精准医疗"）。他们还在读取癌细胞的基因组，以期望找到对抗它们的方法。基因疗法也可以用于治疗遗传性疾病。

未来，生物学家可能会创造出全新的生物体，为我们生产有用的产品。我们甚至能够编辑我们后代的基因组——不仅能确保他们没有遗传疾病，而且还可以让他们拥有我们希望的特征。DNA密码的破解为我们揭开了生命的奥秘，使我们能够深入理解生命的本质。

有趣的 DNA 小知识 ←
···

1. 你的 DNA 是独一无二的
DNA 是一种非常长的分子，含有生物体如何构建和维持自身的指令。DNA 存在于细胞中，每个生物体的 DNA 都是独特的，这些 DNA 组成了一个很长的代码，称为基因组。

2. 细胞读取基因
基因组中的某些部分负责不同的任务，这称为基因。每个细胞都可以"读取"这些基因中的代码，并利用它来制造身体需要的化学物质。

3.DNA 存在于染色体中
细胞中的 DNA 包装在被称为染色体的结构中。我们从妈妈那里继承了 23 条染色体，从爸爸那里也继承了 23 条染色体。这些染色体决定了很多东西，包括我们的外貌、可能会得的疾病，甚至一些个性和行为的特点。

术语加油站 ←

碱基对（Base pair）

DNA 是由核苷酸单体组成的长链聚合物。共有四种不同类型的核苷酸，这四种核苷酸结构类似，只有在碱基的部分存在差异，分别用字母 A、C、G 和 T 表示。其中 A 与 T，C 与 G 相互配对，当它们相互配对，就形成了碱基对。

DNA 测序（DNA sequencing）

科学家通过这项技术能够确定 DNA 片段中的碱基排列方式。

基因（Gene）

具有特定功能的 DNA 片段。单个基因通常不只负责一个功能或特征。实际上，一个基因往往会对多个生物学过程产生影响，并且多个基因往往共同作用，决定某一特征或性状。例如，眼睛的颜色或身高不是由一个单一基因决定的，而是由多个基因相互作用和组合的结果。你继承了父母双方的基因。

基因组（Genome）

一个生物体的全部 DNA 序列。人类基因组序列草图于 2003 年正式公布。每个人的基因组都是独一无二的，但通过研究基因组的相似性，我们可以判断彼此的亲缘关系。

遗传病（Genetic disorder）

基因组中一个或多个异常引起的健康问题，通常为先天性的。很多遗传病都很罕见。

基因改造（Genetic modification）

基因改造也称基因修饰，是利用现代生物学技术改变生物体的 DNA，使其具有不同的特性，比如将一种抗虫的基因插入一种作物中，使其具有抗虫害的能力。

先天
与后天

饮食、生活方式和环境因素都可以影响基因的表达。这一发现确实从根本上改变了我们对基因和进化的传统认知。

      1953年，克里克和沃森发现了DNA的结构，帮助我们理解了生物体的特征是如何从一代传递到下一代的。但DNA并不能决定一切。从20世纪70年代开始，"表观基因组"的作用受到了越来越多的关注。表观基因组是指由环境和饮食等因素所引起的、对DNA和DNA相关蛋白质所进行的所有化学修饰。研究这些修饰，科学家们发现了一些很有趣的事情。比如，你绿色眼睛或深色皮肤是你从母亲那里遗传的，但你瘦弱的体型可能与你外婆怀着你妈妈时的生活方式有关！

      生长发育是个神奇的过程，从一个充满无限可能的细胞开始，最终形成数万亿个细胞，这些细胞各自承担不同的功能。几十年前，人们还不知道细胞在分化的过程中（细胞分化是指同一来源的细胞逐渐产生出形态结构、功能特征各不相同的细胞群的过程），DNA发生了什么变化。那时有一种理论认为：细胞会丢弃那些不再需要的DNA。例如，脑细胞会"丢掉"制造血红蛋白（负责运送氧气的物质）的基因，而肝细胞会放弃制造角蛋白（皮肤、头发中的一种蛋白质）的基因。

到了20世纪70年代，约翰·格登（John Gurdon）教授推翻了这个理论，他是一位英国科学家，先后在牛津大学和剑桥大学工作。他将蛙卵中的细胞核移除，并把成年蛙的体细胞的细胞核移植进去。结果这些被替换了细胞核的蛙卵成功发育成了蝌蚪，最后变成了青蛙。这一实验结果表明，同一生物体内不同细胞的DNA是没有区别的。1996年，英国罗斯林研究所的伊恩·威尔穆特（Ian Wilmut）、基思·坎贝尔（Keith Campbell）及其同事利用成年绵羊乳腺细胞的细胞核克隆出了多莉羊，证明了哺乳动物也是如此。这进一步证实同一生物体所有的细胞，即使功能不同，但其DNA是相同的。

表观遗传学的诞生

2012年，格登教授因其上述的研究成果荣获诺贝尔奖。自他在这一领域取得重大突破以来，科学家们（如多国参与的"表观基因组学路线图计划"项目）在揭示表观遗传现象的机制方面取得了巨大进展。这些机制的核心在于DNA和与其相关的某些蛋白质（称为组蛋白）上微小的化学修饰，这些修饰被称为"表观遗传修饰"。许多不同的酶可以在基因组的不同位置添加或移除表观遗传修饰，且还有数百种蛋白质则

可以与这些修饰结合，来改变基因的表达方式。表观遗传修饰会随着环境的改变而改变，使我们的细胞能够根据情况调整特定基因的表达。因此，表观遗传学在先天（基因）与后天（环境）之间搭建了一座桥梁。

表观遗传学的研究还发现：甚至在生命的早期，外界环境就已经可以影响基因的表达。例如在人类怀孕的前三个月，环境因素就能改变表观遗传修饰。有一个著名的实例发生在第二次世界大战末期的荷兰，那时他们曾发生过一次严重的饥荒，被称之为"饥饿的冬天"。食物严重短缺，人均热量摄入低到正常水平的40%以下，并持续数月。在那段时间里受孕的婴儿出生时看似健康，但随着他们长大，出现了更高的肥胖和2型糖尿病风险。这是因为他们的基因在早期发育阶段经历了

上图：
1944—1945 年"饥饿的冬天"期间的荷兰儿童。战争时期的饥荒带来的表观遗传变化至今仍在影响着他们。

对页图：
"埃文河地区父母与儿童纵向研究"项目当年发出的邀请函，该项目也被称为"90 后研究"。

表观遗传修饰，使身体更有效地利用有限的营养。如果饥荒继续，这种改变将帮助他们适应恶劣的环境；但在食物充足的现代社会中，这种表观遗传调节反而增加了健康问题的风险。

表观遗传学的研究为科学家们提供了一种新的方法来理解生命早期的健康是如何影响一生的健康。科学家们发现，经历过痛苦或创伤性事件的小动物（比如小鼠）会在大脑中形成特殊的记忆，这些记忆会影响它们长大后应对压力的能力。在人类身上也可能发生类似的情况。例如，有一项名为"埃文河地区父母与儿童纵向研究"（ALSPAC)的科学项目，它自20世纪90年代早期开始，追踪了英国埃文河地区15 000个家庭，通过研究父母与儿童的关系来探讨儿童成长与成年后的健康之间的联系。该研究发现，早期的虐待或伤害可能对一个人一生的心理健康产生负面影响。

表观遗传学和遗传

我们知道，基因信息是从父母传递给孩子的，但表观遗传信息呢？它们是否也能够传递给后代呢？20世纪80年代，英国剑桥大学的阿齐姆·苏拉尼（Azim Surani）教授证明了表观遗传信息的传递。他的研究发现胎盘类哺乳动物若要成功繁殖就必须从其父母双方那里都获得正确的表观遗传修饰。苏拉尼利用体外受精技术对小鼠进行实验。他发现，只有当一个卵子和一个精子核结合时，才能诞生出活的小鼠。如果使用两个卵子核或两个精子核，就不会有活的小鼠出生。尽管从基因层面来看，这三种情况都是相同的，但实际的结果却截然不同。

通过对一种名为A^{VY}小鼠的研究，科学家们获得了更多的证据来证明父母的确能够将表观遗传信息传递给后代。A^{VY}小鼠是一种基因水平上是完全相同的小鼠品系，但它们的外观却千差万别：有的是胖胖的金色，而有的是瘦瘦的棕色，或者介于两者之间。这些差异源于基因组中某些区域的表观遗传修饰不同。通常，A^{VY}小鼠的后代看起来像它们的父母，这说明它们继承了父母的表观遗传信息。但有些小鼠与父母不同，这表明表观遗传信息的传递不是绝对的。此外，环境因素也会影响小鼠的外观。例如，如果母鼠饮酒，后代的外观与母鼠不同的比例会增加。

以上的研究表明，表观遗传信息可以从父母传递给后代，并且也会受到环境的影响。那么，通过环境引发的表观遗传修饰能否传递给后代呢？

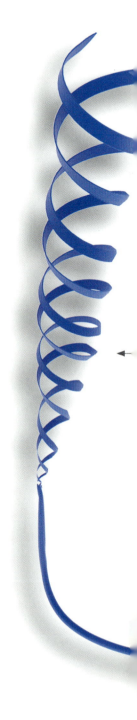

左图：

一个核小体的模型图，由 DNA 缠绕在"组蛋白"周围形成的。

它如何调控基因的开关?

表观遗传修饰是如何调节基因的开关,并将它的修饰传递给下一代的?

DNA 非常细长,体内的 DNA 并不是直接被塞进了细胞核中,而是先缠绕在一种名为组蛋白的蛋白质上,如同细线盘绕在线轴上。每八个组蛋白组成一个"线轴",DNA 先围绕一个"线轴"盘绕,然后再延伸一段,继续绕在下一个"线轴"上。这个过程在每个细胞中都会重复数百万次,最终长达两米的 DNA 就巧妙地装进微米级别的细胞核中。

当细胞接收到环境信号时,DNA 和组蛋白会发生一些非常微小的化学变化。这些变化被称为"表观遗传修饰",它们就像一组精密的"开关",决定了哪些基因被激活,哪些基因保持沉默。表观遗传修饰的方式多种多样,尤其是在组蛋白上更是花样百出。这些修饰还可以通过无数种组合方式来灵活地控制基因的表达。当细胞分裂时,它们不仅会把遗传信息传递下去,还会将这些独特的"开关模式"一并传递给新的细胞,这样表观遗传修饰的影响就传给了下一代。

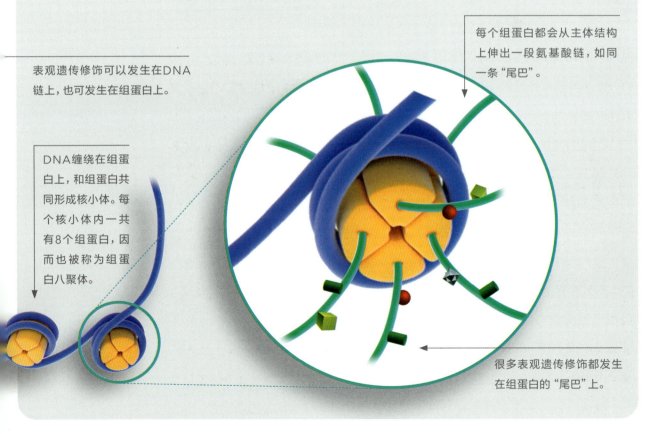

每个组蛋白都会从主体结构上伸出一段氨基酸链,如同一条"尾巴"。

表观遗传修饰可以发生在DNA链上,也可发生在组蛋白上。

DNA缠绕在组蛋白上,和组蛋白共同形成核小体。每个核小体内一共有8个组蛋白,因而也被称为组蛋白八聚体。

很多表观遗传修饰都发生在组蛋白的"尾巴"上。

经典达尔文进化理论认为答案是否定的。而由环境引起的改变传递给后代的这一想法与19世纪法国自然学家让-巴蒂斯特·拉马克（Jean-Baptiste Lamarck）提出的"后天获得性状遗传"理论更为相似。拉马克有关进化的理论与达尔文的观点完全不同，存在着显著的区别和对立。然而，近年来对拉马克理论的完全否定受到越来越多的质疑。例如，对荷兰"饥饿的冬天"的研究表明，经历儿童时期饥荒的人可能会将其所遭受的新陈代谢缺陷传递给后几代。

然而，在人类群体中，将基因、表观遗传和环境的影响区别开来是非常困难的。因此，科学家们再次将研究聚焦于啮齿动物。一些研究显示，当雄性啮齿动物营养不良时，它们的后代会出现代谢问题。更引人注目的是，利用条件性恐惧实验，科学家训练雄性小鼠将特定气味与电击联系起来，每当小鼠闻到某种特定气味时，就电击小鼠。经过多次实验，仅仅闻到气味就能引发小鼠的恐惧反应。测试小鼠的后代发现它们也对这种气味感到害怕，尽管它们从未被电击过。这些小鼠大脑中，关键基因与受过创伤雄性亲本有相同的表观遗传修饰，这表明环境影响可以通过代际传递。

这是否意味着达尔文的进化论已经过时了呢？当然不是。通常情况下，卵子和精子均受到保护，能够避免环境影响引起的表观遗传变化，而且即使出现表观遗传变化，也只有少数新形成的表观遗传修饰能传递到下一代。甚至即便这些修饰被传递，它们的影响通常在几代之内就会消失。这是预料之中的，因为表观遗传变化本质上是不稳定的。这种跨代的表观遗传信息传递可能为短期环境变化提供有利的适应，但不会影响经过数千年进化的基因密码。表观遗传的传递只在特定条件下发生，不太可能在长期的自然选择中起主要作用。

尽管如此，还是有越来越多的人随意地将当今社会的一些健康问题，比如全球肥胖率的上升，归因于表观遗传继承。虽然这一研究领域非常有趣，但它并不能成为"借口"。对健康最重要的影响其实是你当下的生活方式——没有人会因为爷爷在20世纪60年代喜欢吃甜甜圈而变胖的！

自然选择

自然选择是物种演化背后的驱动力。

生物的 DNA 有时会发生一些随机变化（称为变异），这些变异能够遗传给下一代。如果某个变异在特定环境下给生物带来了生存或繁殖的优势，那么携带这个变异的个体更有可能活得更久，并成功繁殖。

通过繁殖，这些有利的变异会传给后代，使得更多个体拥有这种变异。如果这种情况持续数千年，就会推动新物种形成。即使在较短的时间内，自然选择也能影响种群的发展。例如，血红蛋白基因的某种变异会使人更容易患上一种遗传疾病——β 地中海贫血，但同时也能提供一定的抗疟疾保护。这就是为什么在疟疾曾经流行的国家（如希腊和土耳其），β 地中海贫血的发病率较高。此外，表观遗传修饰也可能会从父母传给子女。

猫

几乎所有的三花猫都是雌性，这是由于控制猫皮毛颜色的基因位于 X 染色体上。橙色和黑色的毛色基因分别位于两条 X 染色体上，而猫的性别由 X 和 Y 染色体决定。雌猫有两条 X 染色体（XX），而雄猫只有一条 X 染色体和一条 Y 染色体（XY）。因此，雄猫无法同时拥有这两种颜色的基因。雌猫在发育过程中，两条 X 染色体中的一条会随机失活，这一表观遗传现象导致橙色和黑色的基因在不同的细胞中表达，从而形成三花猫独特的斑块毛色。

海鲈鱼

哺乳动物的性别是由性染色体决定的，存在 Y 染色体则为雄性，不存在 Y 染色体则为雌性。然而，对于海鲈鱼，在性腺成熟期前，水温可以影响性别，这是因为水温会引起表观遗传变化，从而决定它们的性别。鳄鱼也有类似的机制。因此，全球变暖正影响着性别由环境温度决定的动物。

蜂王和工蜂在外形、身体结构和寿命上有很大的不同，蜂王的寿命甚至是工蜂的 20 多倍。不过，它们的 DNA 其实是相同的。蜂王和工蜂差异的主要诱因是幼虫时期它们的食物不同。不同的营养会使表观遗传修饰不同，从而影响基因的表达方式，最终形成了它们各自独特的特征。

蜜蜂

同卵双胞胎虽然 DNA 序列是相同的，但他们通常也不会完全一样。一个可能患有严重疾病，而另一个却很健康。这是因为他们细胞中的表观遗传有差异，这些差异通常是由环境影响和细胞内表观遗传变化的随机性共同决定的。

双 胞 胎

病毒与人类

病毒是引起许多疾病的罪魁祸首，但让人惊讶的是，最新的研究发现：数百万年来，病毒在困扰我们的同时，还影响了人类的演化。

像寨卡病毒、埃博拉病毒和流感病毒这样的病毒，常常让我们生病。可是，经过数百万年的演化，人类和病毒之间竟然也有了一种奇妙的关系。我们不仅学会了"适应"这些狡猾的病毒，有时甚至还能"利用"它们，如同驯养动物一样。病毒的影响无处不在，从生命诞生的第一刻，到我们脸上绽放的笑容，都能看到病毒留下的痕迹。

病毒的结构其实很简单，基本上是由一种蛋白质外壳包裹着遗传物质（通常是DNA或RNA），平时与死物无异。但一旦它们进入了宿主细胞，就立马活跃起来。它们会将自己的遗传物质"注入"宿主细胞，然后"劫持"宿主细胞，将其变成自己的代工厂来"制造"出大量的病毒。接着，这些新制造出来的病毒会从宿主细胞中"逃逸"出来，继续感染更多的细胞，进行下一轮攻击。

大多数病毒，如流感病毒，都是通过以上这种感染方式传播。但一些逆转录病毒，如引起艾滋病的病毒HIV，却更为狡猾。它们不会立刻在宿主体内大肆复制，它们偷偷地潜入宿主DNA中，随机插入到基因组中，悄悄地"潜伏"下来，静静等待，直到时机成熟，它们开始"复活"，启动病毒生产。一旦逆转录病毒进入宿主的DNA，就无法保证它会待在原地。病毒的遗传信息可以被"读取"，转化成DNA，并且可能会被"粘贴"到宿主基因组的其他地方。这样一次又一次地循环重复，病毒的DNA就会迅速复制，变成多个副本，越来越多的病毒信息就迅速地累积在宿主的基因组中了。

经过数百万年的时间，有些病毒 DNA 序列发生了随机改变，逐渐失去了逃脱宿主细胞中的能力，最终被困在了宿主的基因组中，成为宿主基因组的一部分，被称为"内源性逆转录病毒"。一些内源性逆转录病毒十分活跃，能在基因组中四处跳跃，而另一些则会固定在特定位置，无法再移动。如果病毒序列是嵌入到生殖细胞（像卵子或精子）中，它们就会随着宿主的繁衍而代代相传，最终成为基因组的永久组成部分。

事实上，科学家发现，人类基因组中大约有一半的DNA（也就是数百万个DNA片段）可以追溯到这些早已不再活跃的病毒，或者是类似的"跳跃基因"（这些基因也被称为转座元件）。甚至，有些科学家认为这个比例可能高达80%。为什么呢？因为随着时间的推移，一些古老的病毒序列历经过多次变化，已经难以识别它们的来源，这如同在大自然中被风化的化石一样，它们成为我们基因组中的"分子化石"，在时间的冲刷下逐渐"风化"，慢慢失去原本的模样。

这些由病毒衍生的大量重复的DNA序列散布在人类基因组上，但多年来科学家们都没有发现它们有何明显的功能，因此它们曾被科学家们称为"垃圾DNA"。确实，其中有一些可

右图：

在人类的演化历程中，我们一直与各种病毒共存。埃博拉病毒是在20世纪70年代首次被发现的。

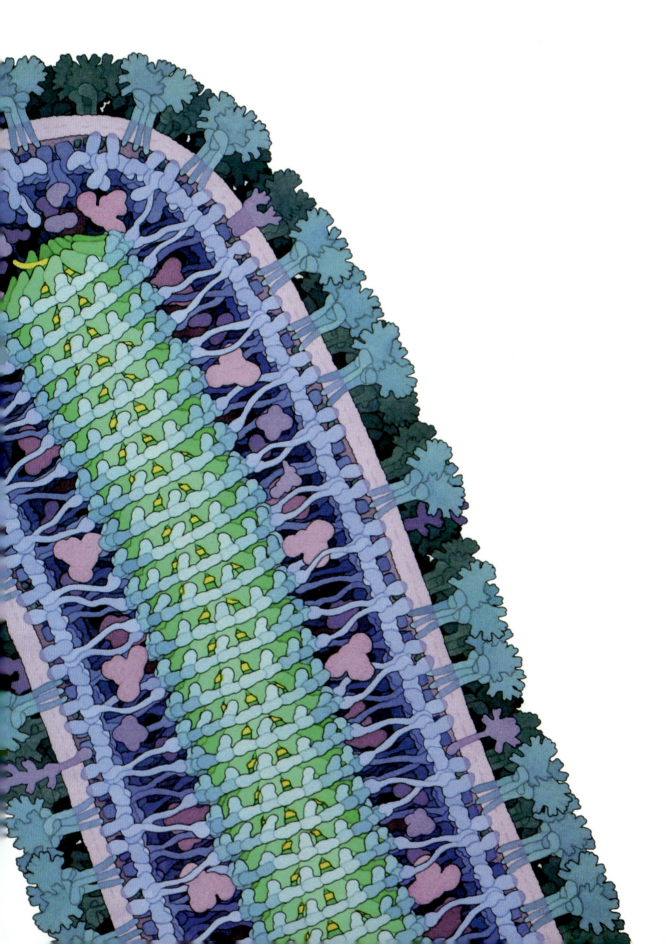

能没有什么用处，但随着研究的深入，科学家们发现事情并不像想的那么简单。原来，有些看似无用的病毒DNA，其实已经和我们人类的基因紧密融合，不仅不再是敌人，而且还被我们"奴役"，被驯化成了我们的好帮手。

十几年前，美国科学家发现了一个特别的基因，它只在胎盘中活跃。这个基因的功能是促进胎盘细胞融合，形成一种被称为"合胞体"的组织层，因此它被命名为合胞素基因。有趣的是，这种合胞素基因看起来像来源于一种逆转录病毒。后来，科学家又发现了另一个类似的合胞素基因，它不仅参与胎盘的形成，还能防止母体的免疫系统攻击她腹中的胎儿。同样，这个基因看起来也像是来自逆转录病毒。

虽然人类和其他大型灵长类动物都有以上这两种合胞素基因，但其他的哺乳动物，尽管它们的胎盘也有类似的细胞融合层，至今却未发现这两种基因。例如，小鼠有两种合胞素基因，虽然它们的功能与人类的类似，但这些基因源自其他病毒，与人类的完全不同。猫和狗都是同一种食肉动物的后裔，它们的合胞素基因也与上述不同，像是由另一种病毒形成的。

显然，以上这些哺乳动物在数百万年前都被一些病毒感染。随着时间的推移，这些病毒不仅永远留在了它们的基因组中，而且还被用来帮助胎盘发育。很有意思的是，猪和马的胎盘里没有细胞融合层，它们的基因中也没有发现类似病毒的合胞素基因。也许它们从来没有被那些帮助细胞融合的病毒感染过。

合胞素的故事告诉我们，病毒的遗传物质是如何被宿主"收编"并为其"服务"的。其实，除了合胞素基因，还有很多古老的病毒基因至今仍在我们人类基因活动中扮演着重要角色。早在20世纪50年代，美国遗传学家芭芭拉·麦克林托克

对页上图：
芭芭拉·麦克林托克是最早在玉米中发现"跳跃基因"的科学家。

对页下图：
转座酶是一种能够帮助基因或DNA片段在基因组中移动的酶，有些能通过"剪切－粘贴"方式移动基因或DNA片段。在转座酶的作用下，基因组中的某些DNA片段（即转座子）会从原始位置被"剪切"下来，并被"粘贴"到基因组中的新位置。图中，两分子转座酶（蓝色和紫色）紧紧抓住DNA转座子（粉色）的两端，准备将其插入到基因组中的新位置。

（Barbara McClintock）在研究玉米的遗传时，便发现了某些基因能够在玉米基因组中移动，并改变其他基因的活性。这些基因因此被称为"跳跃基因"。类似地，潜伏在我们基因组中的某些内源性逆转录病毒在数百万年间也在不断"移动"，并且影响其周围基因的活性。

为了阻止这些病毒元件在基因组中的随意"跳跃"，我们的细胞可谓煞费苦心，想尽了各种办法。它们用各种化学物质来"标记"并"锁定"这些病毒元件，这被称为表观遗传标记。不过，事情并不总是那么简单。当这些病毒元件被化学修饰后，这些病毒元件移动时，附在上面的表观遗传标记也会一并转移，从而影响到附近基因的活动，甚至可能改变基因的功能。

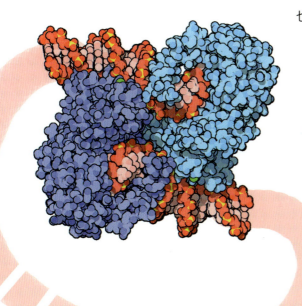

此外，病毒中有一些特殊的 DNA 片段，它们就像是基因的"开关"，能吸引特定的分子来启动或控制基因的表达。就像机器的开关一样，这些片段帮助病毒在合适的时机"开启"自己，恢复感染的能力。通常，逆转录病毒依靠这些"开关"来激活自己，从而恢复其感染能力，开始新一轮的感染。然而，当这些片段被插入到宿主细胞的基因组中的其他位置时，可能会发生一些问题。它们原本控制病毒基因的开关功能，可能因为位置的变化而失去正常的作用。结果，宿主细胞的其他基因可能会被不受控制地启动或抑制，打乱了细胞正常的工作。这种"失控"就像是在一个精密的机器中按错了按钮，可能导致一系列无法预料的后果，从而干扰宿主细胞的正常功能。

当我们的身体被病毒攻击时，细胞会迅速释放出一种被称为"干扰素"的分子信号，像是拉响"警报声"，告诉身体有入侵者在作怪。与此同时，身体内部还有一种神奇的基因，名为AIM2。当这个基因被激活后，它会指示被病毒感染的细胞自我毁灭，从而阻止病毒的进一步扩散，保护周围的健康细胞。有趣的是，2016年，美国犹他大学的科学家们发现，人类基因组中有一种非常古老的病毒，它大约在4500万到6000万年前感染了我们的远古祖先。这个病毒能够在检测到干扰素信号时启动AIM2基因。看起来这个古老的病毒已经被成功"策反"，变成了我们的"秘密特工"，帮助我们抵御外来病毒的攻击。

另一个与我们人类演化息息相关的病毒故事与一个被命名为PRODH的基因有关。PRODH基因在脑细胞中，尤其是在负责记忆的海马体中表现得特别活跃，表达量非常高。令人惊讶的是，人类的PRODH基因是通过一个来自早已"消失"的逆转录病毒的"开关"激活的。黑猩猩也有PRODH基因，但在它们大脑中，该基因的活性较低。科学家们猜测，数百万年前，某种古老的病毒可能"入侵"到我们的祖先基因组中，并"跳跃"到PRODH基因旁边。这个病毒的"开关"巧妙地与PRODH基因结合，从而增强了PRODH基因的活性。而黑猩猩的祖先并没有经历这样的变化。如今，科学家们发现，PRODH基因的缺失或活性障碍，可能与一些大脑疾病密切相关。这也让我们更加确信，这个基因可能在塑造我们大脑的神经回路和认知能力方面，扮演了至关重要的角色。

尽管人类和黑猩猩的基因几乎相同，但我们和它们的外貌却有很大的差异，尤其是在面部特征上。这种差异的部分原因之一是控制基因"开关"不同。通过对DNA序列的研究，科学家发现，在我们面部细胞中的基因开关，很多都来自古老的病毒。这些病毒在我们的演化进程中，可能在某个时刻"跳跃"到我们的基因组中，成为我们基因的一部分，帮助我们逐步发展出如今扁平的面部特征。

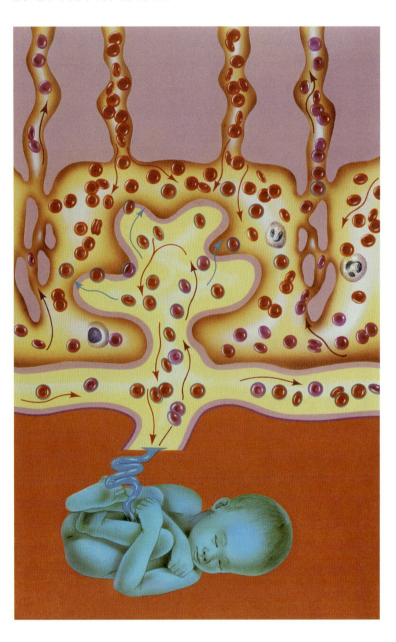

右图:
病毒可能在人类胎盘的演化中扮演了重要角色。

病毒是如何工作的？

病毒蛋白

病毒基因

逆转录酶

细胞机器

宿主细胞DNA

大多数病毒（如流感病毒）

感染

首先，病毒侵入宿主细胞。它的保护蛋白外壳解体，病毒将自己的基因"注入"到宿主细胞内。

劫持

接着，病毒"接管"了宿主细胞的基因和蛋白质的"生产工厂"，利用细胞机器制造出病毒的基因和蛋白质，而不是宿主自己的。

复制

新的病毒在宿主细胞内组装成型。最终，它们突破宿主细胞的外壳，从而离开宿主，寻找新的细胞进行下一轮感染。

逆转录病毒（如HIV）

感染

首先，病毒侵入宿主细胞，病毒外壳破裂，病毒的RNA（与通常细胞生物的遗传物质为DNA不同，逆转录病毒的遗传物质是RNA）被释放到细胞内部。

插入

在细胞内，病毒RNA通过逆转录酶，将自身的RNA反转录为DNA，并将这段DNA插入到宿主的基因组中。

复制

一旦病毒的DNA整合进宿主细胞的基因组，病毒便利用宿主细胞的机制制造更多的病毒蛋白和RNA，这些新生成的病毒"组件"将在细胞表面组装成新的病毒。

转座子（跳跃基因）

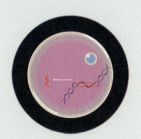

合成

嵌入宿主细胞DNA中的逆转录病毒，制造出病毒RNA。

插入

接着，通过逆转录酶，将病毒RNA反转录为DNA，并将这段新生成的病毒DNA插入宿主细胞的基因组中的任意位置。

其他方式

并非所有转座子都使用RNA复制的过程。有些转座子能够通过"剪切-粘贴"或"复制-粘贴"方式直接将DNA片段移动到基因组的其他位置，而无须先转换为RNA。

驯服病毒

科学家们不仅在寻找那些早已消失的病毒，研究它们如何改变我们的生物学特征，还在探索控制这些病毒的机制。其中一类特殊的分子，像是病毒的"抑制者"，能够通过让病毒基因"沉默"来限制其活动，它们被称为KRAB锌指蛋白。这类蛋白能够识别并抓住基因组中的病毒序列，将其固定在特定位置。瑞士洛桑大学的迪迪耶·特罗诺（Didier Trono）教授及其团队在人体基因组中发现了超过300种不同的KRAB锌指蛋白，每一种都偏好不同的病毒DNA序列。一旦这些蛋白"锁定"病毒，它们会通过招募其他分子来改变病毒基因的表达状态，从而控制病毒的活动。

"这些KRAB锌指蛋白一直被认为是内源性逆转录病毒的'杀手'，"特罗诺解释道，"但实际上，它们也是这些病毒的'利用者'，它们帮助生物体充分挖掘这些病毒序列中蕴藏的潜力，并为其所有。"

特罗诺和他的团队认为，KRAB锌指蛋白是将病毒序列中的有害元素"驯化"为有益的基因调控开关的"重要环节"。他们的研究表明，这些蛋白质与病毒之间一同经历了一场平行演化的"军备竞赛"。最开始，KRAB锌指蛋白通过抑制病毒来保护宿主，但随着时间的推移，它们逐渐战胜了这些病毒。"我们认为，它们的作用是'驯化'这些病毒元件，"特罗诺解释道，"所谓'驯化'，不仅仅是让病毒元件不再活跃，而是将它们转化为对宿主有益的东西，这是一种调控基因活

上图：
HIV 整合酶能够将 HIV 的基因嵌入到宿主细胞的 DNA 中。

动的奇妙方式，确保在不同细胞和不同环境中都能保持基因的正常活动。"

这一观点得到了进一步的支持，因为研究发现，不同的KRAB锌指蛋白在不同类型的细胞中发挥着不同的作用，并且在不同物种中呈现的模式也不一样。如果这些蛋白只是单纯地抑制病毒，那么它们在不同类型的细胞中都应该表现出相同的分布和作用方式，但事实并非如此。更奇怪的是，它们竟然还与特罗诺和他的团队发现的成千上万已经"死去"的病毒元件结合在一起。既然这些逆转录病毒已经不再活跃，那么抑制它们显然没有意义。因此，可以推测，KRAB锌指蛋白在基因调控中一定起着更加重要的作用，帮助细胞精确地调控基因的活动。

尽管这一观点仍然存在争议，但特罗诺坚持认为KRAB锌指蛋白就像是病毒元件的"驾驭者"，它们"驯服"这些病毒元件，并将它们转化为基因调控的开关，让它们为宿主所用。数百万年来，这可能是推动新物种形成的一个重要因素。例如，如果一个病毒在某个祖先物种中随机发生突变，而在另一个物种中没有发生，随后这些突变的病毒元件被KRAB锌指蛋白驯化，创造出新的基因调控开关，这些开关可能会对动物的外貌或行为产生巨大影响。更重要的是，这些有"跳跃"能力的元件在外界环境变化时会变得更加活跃。当环境变得更加严峻时，物种必须找到新的适应方式，否则它们可能会灭绝。激活这些可移动的元件会重组基因组，产生新的基因变异，为自然选择提供丰富的"原材料"。

长期以来，那些困在我们基因中的病毒元件在演化过程中为我们带来了巨大的好处。但福祸相依，有时候它们也可能带来灾难性的后果。每20个新生婴儿中，大约就有1个出生时基因组中出现新的病毒"跳跃"，这种跳跃可能会导致一个重要基因的失活，从而引发疾病。越来越多的研究表明，这些跳跃的转座子可能是癌细胞中基因混乱的一个关键因素。更令人感兴趣的是，科学家发现大脑细胞可能是重新激活这些跳跃基因的理想场所。虽然这种激活可能帮助增加神经细胞的多样性，提升大脑的功能，但也有可能带来一些副作用，如与衰老相关的记忆问题，甚至是像精神分裂症这样的疾病。

那么，存在于我们DNA中的这些病毒，到底是我们的朋友还是敌人呢？美国纽约大学医学院研究转座子的博士后保罗·米塔（Paolo Mita）认为，它们既是朋友，又是敌人。"我称它们为'友敌'，"他解释道，"因为如果我们从一个人一生的角度来看，它们一旦被激活，很可能会带来负面影响。短期来看，它们是我们的敌人。但如果从长远的演化进程来看，这些病毒元件则是强大的进化推动力，它们至今仍然在我们的物种中发挥着重要作用。演化是生物体应对环境变化的方式，而在这种情况下，它们绝对是我们的朋友，因为它们对我们基因的结构和功能产生了深远影响。"

那么，像今天感染我们的病毒，如HIV，是否会对人类未来的演化产生影响呢？"当然会！为什么不呢？"米塔笑着回答，"不过，这种对演化的影响可能要等上很多代，等我们回头看时才能发现它已经发生了。但其实，在我们的基因中，早已留下了过去病毒和宿主细胞之间'军备竞赛'的痕迹。这是一场永无止境的斗争，我相信它会一直进行，永不停息。"

右图：
人体淋巴组织中的 HIV 病毒。

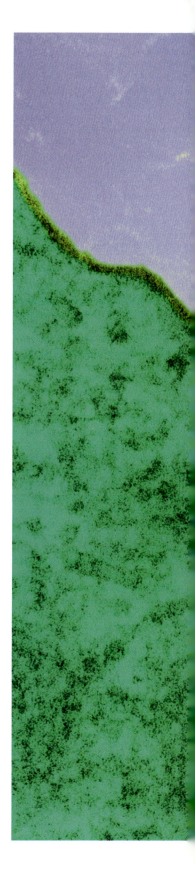

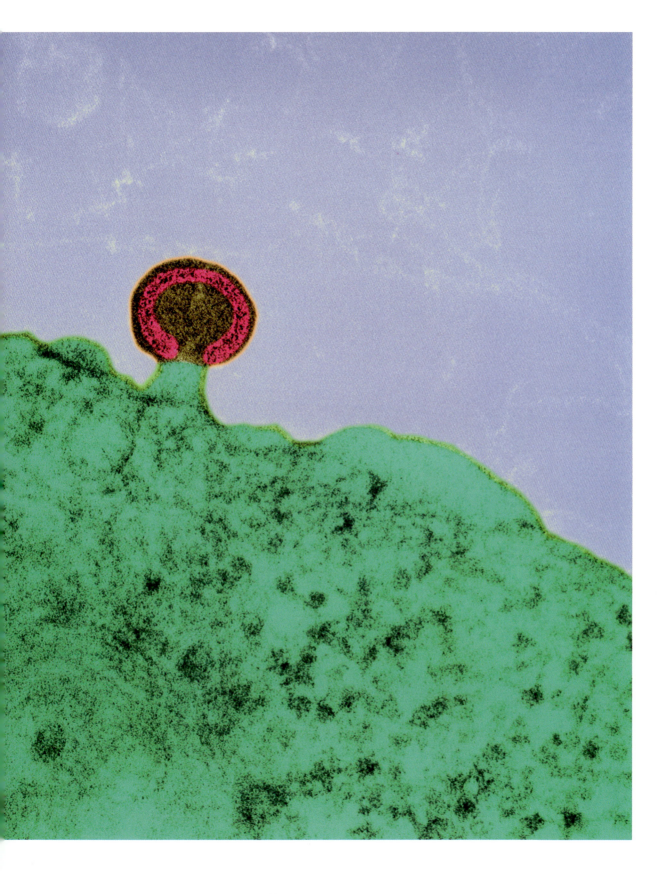

THE ULTIMATE GUIDE TO YOUR GENES 基因之书

人体细胞
大解密

科学家们估计，人体大约有30万亿个细胞：成年男性约有36万亿个细胞，成年女性大约有28万亿个细胞，儿童约有17万亿个细胞。2016年，科学家们联合启动了一项雄心勃勃的全球合作项目——人类细胞图谱，旨在通过详细绘制每种细胞的分子特征，建立一个全面的生物学图谱。

　　探索人体的奥秘，了解我们身体的结构和功能，绘制人体图谱，从古至今一直都是生物学中的研究热点。尽管公元2世纪古罗马禁止解剖人体，著名医学家和哲学家盖伦还是通过观察角斗士的伤口以及解剖动物，撰写了大量医学著作。这些著作在随后的1000多年间一直被视为是解剖学的权威，主导着西方医学。直到16世纪，比利时医生安德烈·维萨里（Andreas Vesalius）通过对人体进行解剖，进行了更为科学、精准的观察和描述，纠正了盖伦学说中的许多错误，推动了解剖学向前迈进了一大步。尽管如此，一直到安德烈·维萨里去世后一百多年，即17世纪中叶，显微镜在科学研究中得到普及和深入应用后，科学家们才能够真正研究细胞——人体和器

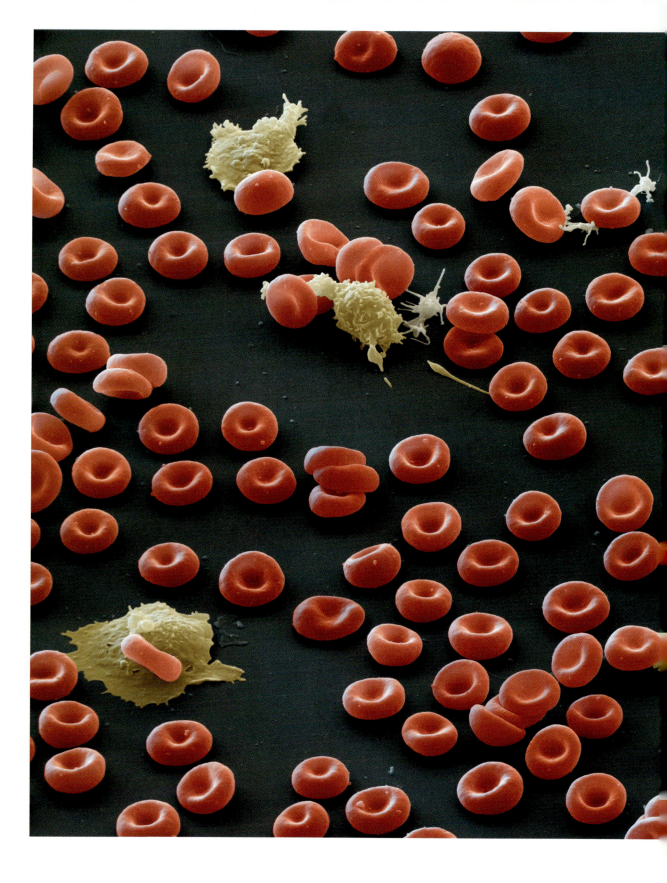

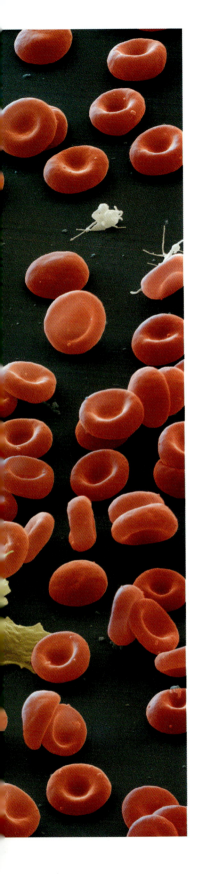

官的基本组成单元，为我们揭开生命的奥秘又迈出了重要的一步。

就像研究亚原子粒子有助于物理学家揭开宇宙的奥秘一样，生物学家发现，深入研究我们的每一个细胞，能够帮助我们了解人体的构造与功能。长期以来，这项工作主要由病理学家主导，他们通过观察细胞和组织的外观，并利用有限的分子标记来进行分析。然而，随着一项令人兴奋的科学突破——单细胞基因组学的出现，科学家们发起了一个名为"人类细胞图谱"的项目，希望通过精确地标记每一个细胞的分子特征，绘制出人体中每一个细胞的详细"分子地图"。这一前所未有的研究成果，有望彻底改变我们对健康、疾病以及生命本质的理解。

细胞学

很早以前人们就已认识到，不同器官中的细胞有着各自独特的工作方式。例如，球形的免疫细胞专门识别并对抗感染，而像蜘蛛网一样的神经细胞则通过成百上千的连接传递信号。尽管细胞种类繁多，但是它们都遵循着相同的基本指令——这些指令以DNA的形式储存在我们的基因组中。每种细胞的不同之处在于其内部活跃的基因，即哪些基因会被激活，且活跃度的高低。这些基因产生了一种被称为RNA的分子信使。而由于每种细胞的基因活动模式是独一无二的，因此产生的RNA也因此是独特的，像是细胞的"分子指纹"。

数十年来，研究人员通过将成千上万的细胞混合在一起，分析其中的RNA，以此来研究不同细胞类型中基因的活跃情况——"基因表达"。然而，这种方法只能给出一个整体的平均结果，无法显示单个细胞之间的差异。这就像是从远处看一大群人，只能看到模糊的色块，却无法分辨每个人衣服的具体颜色。幸运的是，随着科技的不断进步，科学家们如今已经能够"放大"视角，精确地研究每个细胞的每个基因活动，揭示出更加详细和精准的生物学信息。

人体大约包含30万亿个细胞，尽管我们通常认为人体有大约200种细胞类型，但经过详细的分子分析后，科学家发现，这个数字远远低估了细胞的多样性。比如，肝脏中的每一个细胞是否都一模一样，还是说我们只是看到了它们的平均特征？那大脑中数十亿个神经元的差异呢？又或者免疫系统中种类繁多的细胞，它们又有怎样的区别呢？这些问题激发了"人类细胞图谱"项目的诞生，科学家们希望通过这个项目绘制出每一个细胞的基因表达图谱，深入探究数十亿个独立细胞之间的微妙差异。

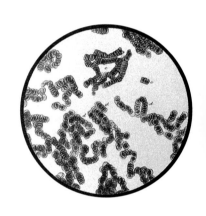

"人类细胞图谱"项目的诞生

绘制"人类细胞图谱"的构想最早出现在2012年，当时遗传学家莎拉·泰赫曼（Sarah Teichmann）博士来到英国剑桥的威康桑格研究所，成立了一个研究小组，专注于研究小鼠免疫系统中单个细胞的基因活性。和新同事们交流时，她突然意识到，自己的技术也许能帮助解决一个更大的科学难题。

她说："尽管显微镜技术已有数百年历史，但我们对不同细胞类型的认识仍然存在许多空白。来到威康桑格研究所后，我们展开了激烈地讨论，提出了一个大胆的想法。虽然这个想法在当时看起来有点理想化，因为那时技术还未成熟，但我们设想，如果有一天我们能'原子化'一个人体——从一个人身上提取并研究所有细胞，虽然并不是要真正'拆解'掉一个人，但我们可以从许多不同的人身上收集微小样本，再把这些样本拼凑起来，最终形成一种普遍适用的'细胞图谱'。"

要分析数万亿个细胞，这绝非任何一个单独的实验室或

前页图与上图：
前页图为使用现代扫描电镜拍摄的血细胞图像，比起早期显微镜拍摄的图像（上图为1845年发表的影像），展现出更加精细和丰富的细节。

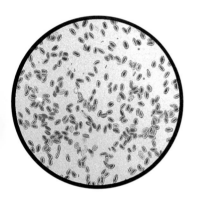 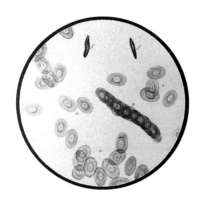 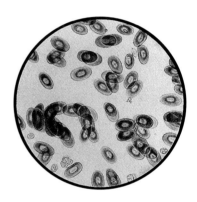

研究所能够独立完成的任务。泰赫曼和她的同事们很快意识到，其他的科学家也有类似的想法——特别是来自美国马萨诸塞州博德研究所的阿维夫·雷格夫（Aviv Regev）博士。于是，他们携手合作，于2016年组建了一个国际科研联盟，汇集了遗传学、分子生物学、医学和生物信息学等多个领域的顶尖人才。到2024年年末，这一科研联盟已经发展到拥有来自全球99个国家和1700多个研究所的3200多名成员。

该联盟的第一步是重点研究五种组织类型的细胞：大脑、免疫系统、上皮组织（覆盖器官和血管表面的细胞层）、胎儿和胎盘、肿瘤组织。除了绘制健康人群中的细胞图谱，项目还探究了生病时细胞如何变化，因此癌细胞也被纳入了初期研究的范畴。

在完成最初的5种类型的组织细胞后，该联盟又进一步地扩大研究范围。截至2024年年底，"人类细胞图谱"项目已成功绘制出人体已知细胞类型的初步草图，并汇编了18个生物网络。这些网络涵盖了多个关键器官和组织，包括肺、心脏、肝脏和免疫系统等，为进一步深入了解人体细胞的复杂性和功能奠定了基础。

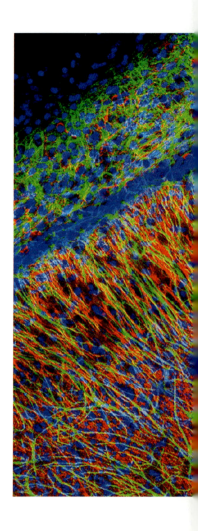

人工智能助力细胞解密

"人类细胞图谱"项目的庞大规模和对精确度的高要求，使得这项工作已经无法仅依赖人工完成。为了更深入了解这一前沿技术，我们拜访了斯蒂芬·洛伦茨（Stephan Lorenz）博士。他是威康桑格研究所单细胞基因组学实验室的负责人，"人类细胞图谱"项目的很多工作在那里开展。

斯蒂芬说："在过去的几年，我们开发出了许多新方法来检测单个细胞中极微量的RNA。如今，我们可以更好地理解细胞是如何'思考和感知'的，甚至可以窥视单个细胞的'内

目标细胞

"人类细胞图谱"项目最初聚焦在五种组织类型的细胞……

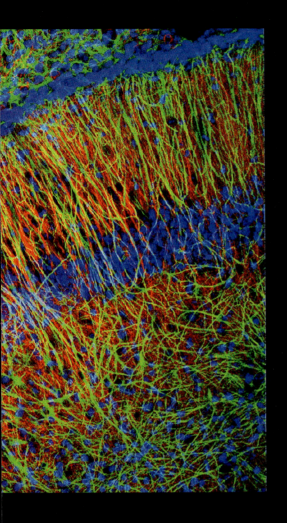

大脑

大脑或许是人体最复杂的器官，包含超过860 亿个神经细胞（神经元）。科学家们希望通过研究不同脑细胞中基因的表达情况，揭示神经元是如何相互连接和传递信息的，并找到精神疾病和神经退行性疾病中问题的根源。

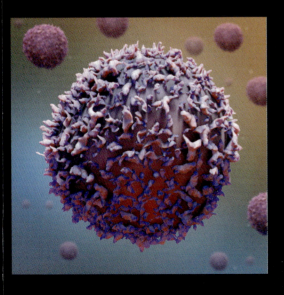

免疫系统

单在免疫系统中就有数百种类型的细胞，每种细胞在识别和应对感染或疾病方面都有着不同的功能。科学家们希望通过分析每种细胞来揭示免疫系统启动时所发生的变化，并进一步理解自身免疫性疾病和过敏反应的机制。

心世界'，了解它们的运行机制。通过分析细胞中的信息，我们不仅能推测它们的功能，甚至还能揭示它们的'身份'。"他还补充道："更重要的是，现在我们能够检测免疫系统中单个细胞在应对感染时，如何被激活，以及它们的反应和变化，或者检测在细胞分裂时基因是如何开启和关闭的，以及它们的活跃程度。"

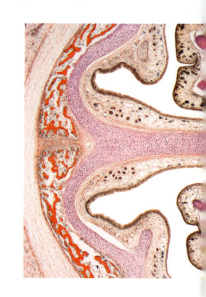

然而，RNA信息并不是唯一决定细胞特征的因素。RNA就像细胞的"信使"，告诉细胞如何制造蛋白质，这些蛋白质不仅构建了细胞的内部结构，还执行着各种生物学功能——比如胃中的消化酶，或是构成我们皮肤和头发的角蛋白。洛伦茨博士和他的团队正在研发新的技术，来分析单个细胞中所有蛋白质，进一步揭开细胞的奥秘。

目前，分析单个细胞的所有RNA大约需要三周时间，尽管这一过程已经在不断加快。但是，比获得所有细胞的数据更具挑战性的是如何应对所获得的海量数据。检测每个细胞的RNA会生成大量的数据，通常与基因表达量直接相关，平均而言，每个细胞会生成约85万条信息。如果是数百万个细胞，这个数据量就相当庞大了。

为了应对这一巨大的挑战，"人类细胞图谱"项目得到了"陈-扎克伯格基金会"的资助。这个基金会由脸书创始人马克·扎克伯格（Mark Zuckerberg）和他的妻子普莉希拉·陈（Priscilla Chan）共同创立，旨在开发先进的方法，处理和呈现来自测序实验室的庞大数据量。

要使"人类细胞图谱"成为科学研究中真正的利器，能被科学家们有效使用，那么如何将这些庞大复杂的数据图谱处理成可检索、易于使用的形式，是至关重要的。虽然泰赫曼博士目前还没有确定最理想的数据呈现方式，但她确实有一个非常富有创意的设想："未来的愿景是，我们戴上虚拟现实头

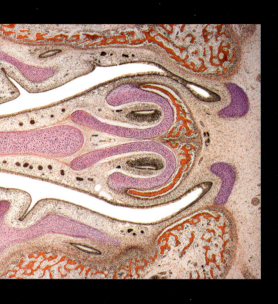

上皮组织

上皮细胞的功能十分多样。它们广泛存在于人体和动物体的表面和内部器官的内衬，从肠管到肺中娇嫩的肺泡。研究上皮细胞是如何发挥多种多样的功能的，将有助于科学家们理解器官的生长和发育，以及癌症等疾病对它们的影响。

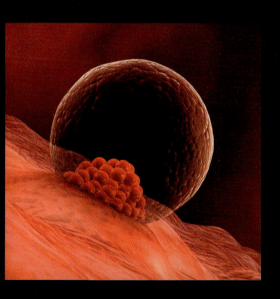

胎盘和胎儿

通过研究胎盘和胎儿的组织，可以揭示胎儿在母体内是如何成长与发育的，以及一个健康的胎盘是如何为胎儿提供氧气和营养的。这些研究将有助于科学家们更好地理解那些出生时存在发育问题的婴儿，并揭示怀孕过程中可能导致流产的原因。

肿瘤组织

通过研究单个癌细胞中的基因活动，科学家们希望揭示导致肿瘤生长与扩散的关键因素。同时，他们也在努力寻找线索，了解这些"可恶"的癌细胞是如何对治疗产生抗性的，并希望找到有效的方式，防止癌症在治疗后复发。

"单细胞基因组学"如何运作？

为了测量单个细胞中基因的活跃情况——基因的表达水平，首先需要提取出它的RNA——这些RNA就像基因在工作时发出的"信号"。通过对这些RNA信息与细胞内的基因组（DNA信息）进行比对，科学家们能够识别出在特定时刻、特定细胞中，哪些基因被激活，以及它们的表达强度。

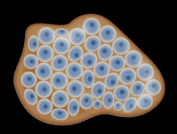

1. **解离组织样本：** 使用高功率激光束、酶或其他技术，将组织样本分离为单个细胞。

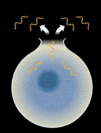

2. **释放RNA信息：** 破坏每个细胞，释放出细胞中的RNA信息——这些RNA是基因活动的"信号"。

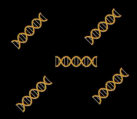

3. **反转录为DNA：** 将RNA转化为DNA，这个过程称为"反转录"。

4. **DNA扩增：** 为了获得足够的样本量进行测序，将DNA扩增成千上万甚至百万倍。

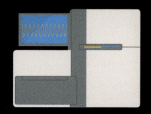

5. **读取DNA：** 使用高通量测序技术，读取扩增后的DNA，获取基因的详细信息。

6. **分析基因活动：** 分析结果，找出哪些基因在细胞中表达以及表达量的高低，并为每个细胞绘制基因表达图谱。重复上述程序，分析全身各处所有的细胞。

盔，进入一个虚拟的人体世界，能够随时指向并查看我们想了解的任何细胞、器官或部位。"

绘制未来图谱

尽管"人类细胞图谱"这一宏大项目自2016年10月启动以来还处于初期阶段，离最终目标的实现还有一段距离，但泰赫曼博士对其前景充满信心。"绘制一本人体细胞图谱的草图，我们需要分析3000万到10亿个细胞。"她解释道，"过去八年间，单细胞的分析成本呈指数级下降，而每次实验分析的细胞数量却成倍增加。如果这一趋势得以延续，我们就能顺利实现目标。"

泰赫曼认为绘制"人类细胞图谱"，除了满足我们对自身构成的科学好奇心，还将为生物医学研究带来巨大的突破，它不仅能为新药物的研发提供重要线索，还能帮助发现可以用于疾病诊断和监测的生物标志物。更深层次地，她希望这个图谱能回答基因与健康之间关系的基本问题。例如，囊性纤维化跨膜转导调节因子——CFTR，该基因的有害突变会诱发囊性纤维化，影响肺部和其他器官。

"我们知道CFTR在肺部是活跃的，但它在身体的其他部位也有表达。因此，你可以通过'人类细胞图谱'来寻找这些细胞，了解当基因突变时，问题究竟出在哪里。"她解释道，"或者说，如果你想了解一种药物可能带来的副作用，你可以查找这个药物针对的基因，看看这个基因在体内的具体表达位置——是在哪些器官、组织和细胞中——然后预测可能的副作用。"

通过深入研究各种疾病的根本原因，快速识别哪些细胞和分子出现了异常，可以帮助医生更准确、更快速地诊断出病情，并选择最合适的治疗方案。这不仅能够减少目前医疗中常见的依赖猜测和不确定性的情况, 还能提供更为精确、个性化的治疗方法, 从而提高治疗效果。

　　泰赫曼博士和她的团队将"人类细胞图谱"视为一项基础性研究资源, 期待它在未来对生物学和医学的各个领域产生深远影响。或许我们可以将它称为"人类基因组计划2.0", 因为它将揭示基因背后的深层次奥秘, 推动我们对生命本质的理解迈向新的高度。

　　"人类基因组计划"的目标是解码DNA序列, 而"人类细胞图谱"则是在回答: 这些序列到底意味着什么? 这些基因如何被读取和表达, 从而构建起一个完整的人体? 这是多么令人震撼啊!

上图:
英国剑桥威康桑格研究所的一间实验室。该研究所是"人类细胞图谱"项目的重要基地, 许多研究和实验都在这里进行。

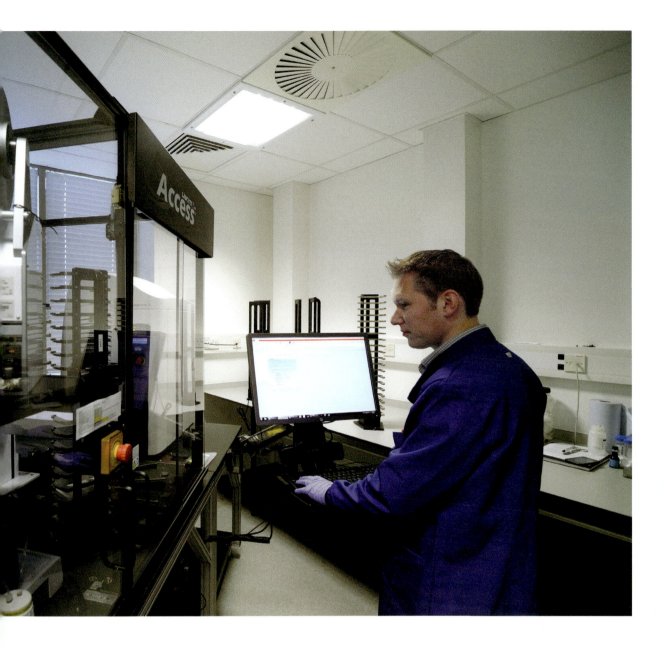

第二部分

基因与 ↓ 健康

良好的饮食和规律的锻炼有助于你保持健康，但它们并不能保护你免受所有疾病的侵袭。事实上，在你还未出生之前，许多疾病和健康问题的"密码"就已经被写入了你的基因，而健康的生活方式无法完全阻止它们的发生……然而，目前科学家们正在努力破解这些基因密码，其成果可能为未来带来新的治疗方法，甚至是帮助你量身定制医疗方案。

大约每 180 个新生儿中就有 1 个出生时伴有染色体异常。

已知有超过 100 个基因与肥胖有关。

100 个

75%

据估计，高达 75% 的癌症患者可能对常规的治疗药物无反应或治疗效果有限。

50%

下一个"超级细菌"可能来自肠杆菌科。因为这个细菌家族的有些致命细菌会导致 50% 的感染者死亡。

BRCA1 或 BRCA2 基因中的有害突变会增加女性患乳腺癌的风险。携带 BRCA1 突变的女性，患乳腺癌的风险在 80 岁之前大约为 72%，而携带 BRCA2 突变的女性，则为 69%。

如果父母双方都携带某种遗传性疾病的有害基因，比如囊性纤维化，那么他们的每个孩子都有 25% 的概率遗传到这种疾病，另外还有 50% 的概率成为该疾病的携带者，即携带一个有害基因，但自己通常不会表现出病症。

150 万

全球约有 150 万人患有视网膜色素变性，这种疾病会导致失明，但现在可以通过基因疗法进行治疗。

唐氏综合征是 21 号染色体多了一条（即有三条 21 号染色体，而不是正常的两条）所引起的。

THE ULTIMATE GUIDE TO YOUR GENES

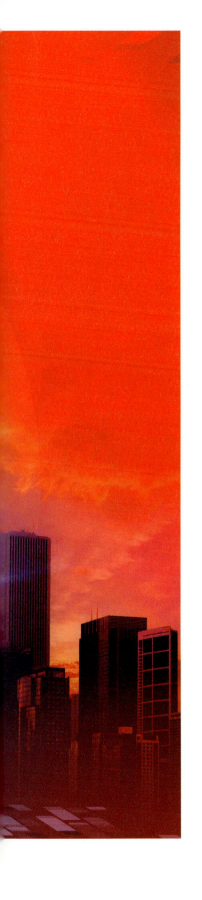

你是天生的超级英雄吗？

最近有一些研究显示：人群中有一些天生的"超级英雄"悄然存在，他们的基因赋予了他们天生抵抗严重疾病的能力。现在，我们要做的就是找到他们……

电影、漫画和电视节目中，"超级英雄" 无处不在。他们拯救世界、惩恶扬善，甚至互相打得天昏地暗。电影《超人》(Superman) 系列中的主人公克拉克·肯特 (Clark Kent)，平时他只是一个普通人，默默无闻，只有在有需要时才变为超人。其实，在我们的身边，也有一些"基因超级英雄"，他们与我们一样，过着平凡的生活，却拥有抵御严重疾病的特殊能力。然而这些基因超级英雄往往毫不知情，完全未曾察觉自己拥有如此神奇的力量。现在，通过分析成千上万人的基因，科学家们才慢慢发现他们的隐藏身份。

荷兰格罗宁根大学的西斯卡·维门加 (Cisca Wijmenga)

博士和她的团队最初并没有计划寻找"超级英雄"。他们的研究目标很简单，就是对250个荷兰家庭的DNA进行分析，以建立荷兰人群基因组成的基线。研究团队的希望是发现与疾病相关的基因变异和突变，借此他们将能够判断这些变异是否真的是导致疾病的原因，还是仅仅是荷兰人群基因的自然特征。

然后，他们发现两位不太可能是"英雄"的"英雄"。这两位都已年过60，而且他们的SERPINA1基因的两份拷贝都有缺陷（通常我们每个人的基因都有两份拷贝，一个来自妈妈，一个来自爸爸）。正常的SERPINA1基因编码一种蛋白质，可以帮助保护肺部的气管和肺泡。如果缺少这种蛋白质，肺部结构就会受到损害，导致30到40岁时出现严重的呼吸问题。然而，这两个人却奇迹般地活到了60多岁，且一直没有出现任何严重的肺部问题。

西斯卡·维门加博士还在数据中发现了更多令人意外的情况。例如，在她的研究中，有177人按照遗传学规律应该会患上一种名为假性软骨发育不全的疾病。这种疾病通常会导致身材矮小，并伴随关节疼痛。但令她惊讶的是，这些人中的大多数却依然健康，毫无症状。

这样的情况还有很多：沃尔夫拉姆综合征（糖尿病、视网膜萎缩、神经性耳聋）、肝豆状核变性（肝脏疾病和神经精神性障碍）、尼曼-皮克病（神经系统问题和儿童生长发育迟缓）

等多种疾病。然而，数百名荷兰人面对着这些基因缺陷，他们丝毫不受影响，依然健康地生活。

2016年3月，英国伦敦玛丽女王大学的大卫·范·希尔（David van Heel）教授及其团队开展了一项类似的研究，研究对象是生活在伦敦东部的3200多名英国巴基斯坦裔居民。研究结果发现，尽管有38人携带与严重疾病相关的有缺陷或缺失的基因，但大多数人依然健康无恙。在这个巴基斯坦社区中，由于血亲联姻较为普遍，后代遗传到两个有缺陷的基因拷贝的概率较高。虽然该群体中遗传性疾病的发生率较高，但远没有达到预期的严重程度。

同样的，在 2015 年，一项关于冰岛人群的研究发现，近 8% 的冰岛居民携带着可能导致疾病的基因变异，且他们体内的两份基因拷贝都存在问题。然而，令人惊讶的是，这些人中的很多人并没有表现出任何不适，反而身体健康，生活正常。

真正的"超级英雄"

2016年4月，科学界迎来了一个令人震撼人心的发现——"十三位神秘的基因超级英雄就在我们中间！"这一消息迅速成为新闻头条，广泛传播开来。这项发现源自美国的"复原力项目"（Resilience Project），研究人员通过分析超过五十万人基因数据，发现了一群"幸运儿"。这些人虽然携带着本应导致严重疾病的基因突变，却奇迹般地保持着健康的身体状态。

这项研究由来自美国纽约西奈山医学院的陈荣（Rong Chen）博士、埃里克·施哈特（Eric Schadt）博士和斯蒂芬·弗兰德（Stephen Friend）教授共同领导。研究团队通过全球基因数据库，筛选了大量关于人类基因和疾病的信息，重点关注那些会导致儿童遗传病的基因突变——这些病属于外显率高

对页图：
SERPINA1 基因负责编码一种蛋白质（蓝色），它能有效阻止某些酶（绿色）的活性，保持体内平衡。然而，当这个基因出现缺陷时，体内的结构可能会受到损害，导致健康问题。

下页图：
尼曼 - 皮克病是一种罕见的遗传性代谢疾病，导致一种名为鞘磷脂的脂肪物质在体内异常积聚，图中展示的是鞘磷脂在骨髓中的堆积。荷兰的一研究团队发现，尽管一些个体携带与此病相关的基因突变，但他们看起来依然完全健康。

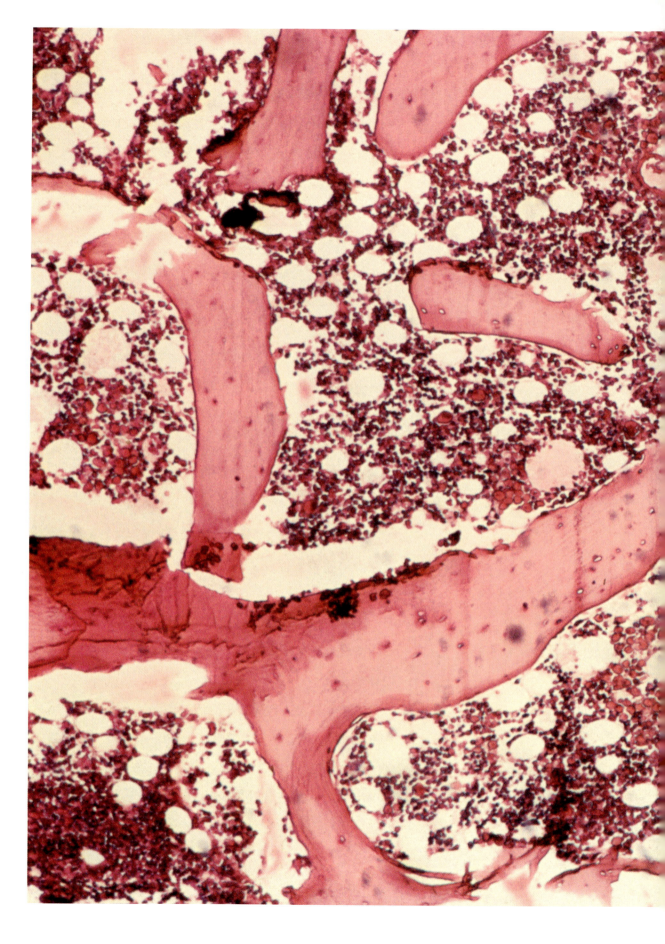

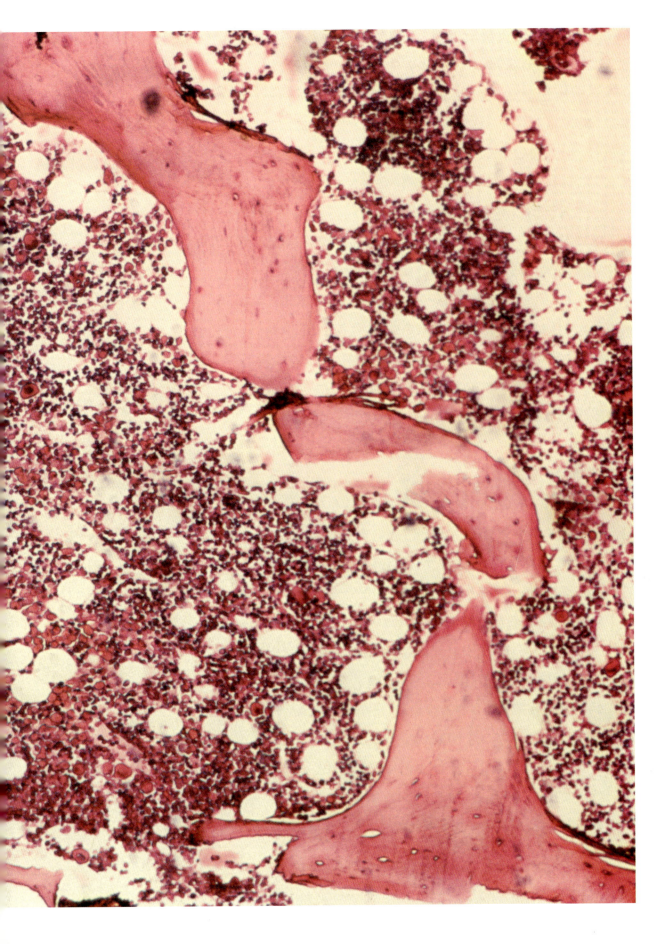

的孟德尔遗传病，也就是说，携带一到两个有缺陷的基因拷贝就足以导致严重的健康问题。

一开始，陈荣博士发现了约15 000名可能是"基因超级英雄"的个人，他们体内携带着近200个与160多种严重疾病相关的"有害"基因突变。然而，经过进一步分析，这一数字缩小到了300人。最后通过强有力的证据确认仅有13人是"幸运儿"，他们能够抵抗8种不同的遗传疾病。

这13人中，有3人对囊性纤维化（影响肺部及其他器官的疾病）表现出免疫；另外3人则不受基因突变的影响，尽管他们的基因突变本应导致一种被称为无骨发育症的严重骨骼畸形。还有两人对DHCR7基因突变的影响免疫，这种突变通常会导致一种名为史密斯-雷姆利-奥皮茨综合征的发育障碍。其余5人则对多种与大脑、骨骼、皮肤和免疫系统相关的疾病展现出了显著的免疫力。

等待英雄的出现

令人遗憾的是，这些"基因超级英雄"的身份依然是个谜。由于研究对象在数据库中都进行了匿名处理，而且"复原力项目"并未取得联系数据库中个体的许可，因此无法追踪这些超级英雄来进行更深入的研究。这也引发了一些质疑：仍然存在身份混淆的可能（这种情况在大规模的项目中并不罕见），或者这些人可能只是看似逃避了某些疾病，实际上可能患有该病的轻微或更严重的形式。

此外，问题可能不仅仅是身份追踪，一个更大的挑战来自基因突变数据库本身。这个数据库记录了所有已知与疾病相关的基因缺陷。对此，西斯卡·维门加博士对这些"幸运儿"是否真的拥有"超能力"持怀疑态度。她表示："这些基因都与疾病相关，但其中一些在荷兰人群中非常常见，这让

对页图：
囊性纤维化是一种遗传性疾病，当孩子从父母双方各继承一个有缺陷的基因突变（红色）时，便可能患上此病。

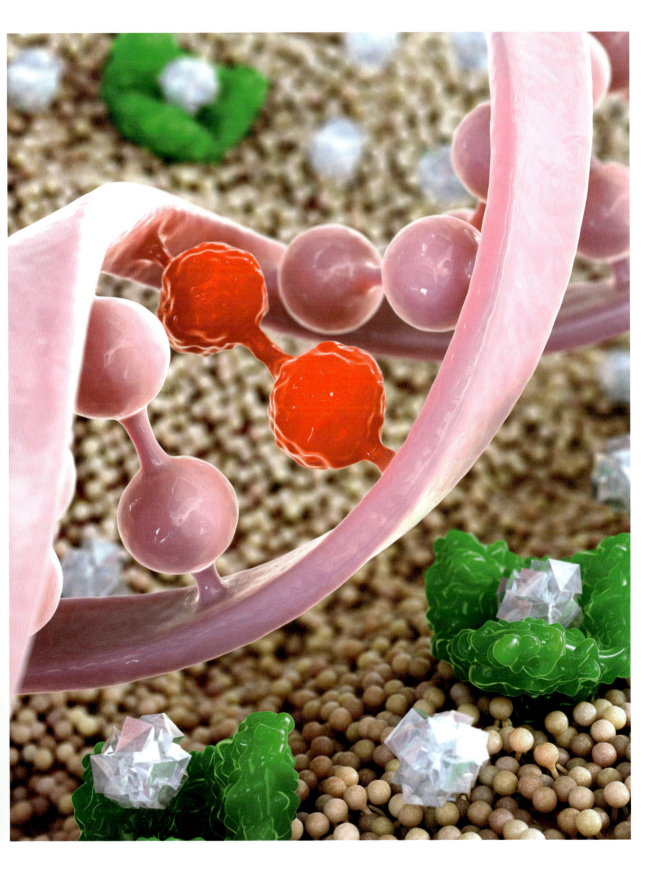

人不禁怀疑，它们真的是突变吗？或者它们只是因为过去被录入了数据库，但并不真正引发疾病。对于这些变异，约90%的人都有突变情况，但如果它是真正的突变，这就不合常理了。突变应该是稀有的。所以，这告诉我们，也许数据库并不那么准确。"

尽管如此，依然有证据表明，一些"基因超级英雄"在现实中确实存在。虽然"复原力项目"首轮研究中的那些超级英雄的身份永远无法揭晓，但下一阶段的研究计划将揭开新一代基因英雄的面纱。这个计划旨在招募100万人，找到其中的"超级英雄"，深入探索他们如何获得这些"超能力"，并希望将这些发现应用于改善人类健康，造福人类。

美国哈佛大学个人基因组项目的创始人杰森·博贝（Jason Bobe）正带领团队进行这一令人兴奋的探索。他解释道："现阶段说这些稍显狂妄，就像在没有写出热门歌曲之前就宣称自己要拿到白金唱片一样。此外，招募如此大规模的参与者，确实面临着巨大的挑战。"

博贝的目标是招募三类人加入一个互动应用程序——可以将它看作"基因版的脸书"。该应用程序将引导参与者填写同意书和问卷，随着时间推移，逐步发展成有史以来最雄心勃勃的基因研究项目。博贝最希望招募的第一类人是那些有理由相信自己是"基因超级英雄"，并且具有较强免疫力的人。有些人甚至可能提供强有力的证据，证明他们的与众不同。

博贝举了一个例子："我们发现有一个人，他家族中有很多人都在年轻时就患上了阿尔茨海默病，即早发型阿尔茨海默病。患上这种病后，患者通常活不过10年。他家族里有十几位亲人死于这种病，而这种病只需要一个基因突变。如今，他已经快70岁了，一直以为自己躲过了这个基因的'子弹'。"博贝继续说道："于是他加入了一项研究，结果令他大吃一惊，他发现自己居然和家族里中许多人一样，携带着那个导致亲人早逝的基因突变。于是问题就来了，为什么这个人能够幸免于难？他到底有什么不同？"

第二类博贝希望吸引的参与者，是那些没有理由认为自己是"基因超级英雄"的人——也就是那些没有明显家族病史的普通人。他们可能并不觉得自己与众不同，但对自己的基因组充满好奇，并愿意参与到这项研究中，探索更多未知的基因奥秘。

第三类博贝希望吸引的参与者，是那些患有严重孟德尔遗传病的人。尽管他们显然不具备"基因超能力"，也对疾病没有免疫力，但他们的参与至关重要。博贝解释道："即使你正面临疾病的困扰，你依然可以发挥作用。我们非常希望有正在与疾病作斗争的人参与进来，这样当我们找到对囊性纤维化这种病有免疫力的个体时，我们就可以邀请所有患有这种病的人作为对照组，帮助我们解码这些基因。"

基因突变是如何产生并影响健康的？ ←

基因突变可能会改变编码的蛋白质，从而影响蛋白质的功能，甚至导致疾病的发生，例如 BRCA2 基因突变会增加患乳腺癌的风险。突变可以是遗传而来，也可能是在精子和卵子的形成时，或在受精卵阶段发生。我们每个人从父母那里分别继承一份基因拷贝，但这两份拷贝并不总是完全相同。科学家已经发现了数百种由基因突变引起的疾病，这些疾病可能是有两个有缺陷的基因拷贝（隐性突变）或仅是一个（显性突变）引起的。这种由基因突变引发的遗传性疾病被称为孟德尔遗传病，得名于格雷

戈尔·孟德尔，他是第一个研究并描述基因遗传规律的科学家。隐性突变通常会影响基因的正常功能，因此，如果一个人只继承了一个突变基因拷贝，他们通常不会生病，因为另一个健康的拷贝可以弥补这个缺陷。但即便继承了两个隐性突变或一个显性突变，也并不一定意味着一定会生病。所谓的"基因超级英雄"正是这些例外，他们虽然携带了"坏"的突变基因，但依然保护健康，似乎拥有某种"超能力"，能够抵抗某些疾病的侵袭。

解码数据

数据解码，才是真正的挑战所在。正如之前的研究所显示的，基因超级英雄确实存在，而且相对容易发现。但最大的难点在于：我们要弄清楚这些基因超级英雄是如何做到的。以那个成功躲过阿尔茨海默病的男人为例。

"我喜欢称之为'冒烟的安全气囊'，它是'冒烟的枪'的反义词。"博贝解释道。"这个人身体里好像有一个'安全气囊'在起作用，我们需要找到它，但这就像是在大海捞针。是什么样的基因或环境因素让他成功逃脱了这种疾病？而在我们见过的其他所有病例中，这种病都是致命的！"

"如今，借助全基因组测序等先进技术，我们可以为这个人收集大量的基因数据，尝试找出那些提供保护的因素。因为如果我们能识别出像保护性突变这样的基因特征，它们或许正在帮助抵御这种遗传病，那么我们就有机会制订出新的预防策略，甚至开发出新的治疗方法。"

环境因素也可能在决定一个人是否会受到基因突变影响方面扮演重要角色。这些因素可以包括个人的饮食、生活方式，甚至是他们在母体中成长的环境。正是这一点，让西斯卡·维门加感到特别兴奋。

"最终，仍然有些人携带这些突变，但却没有患病。"她说道，"如果我们发现是环境因素在起作用，那就更好了。因为一旦找出那些有益的环境因素，我们就能找到更有效的治疗方法，帮助那些携带'坏基因'的人。改变环境比改变基因要容易得多。"

无论是天生的遗传因素，还是后天的环境影响，抑或两者的结合，基因超级英雄的存在都告诉我们，传统的孟德尔遗传学理念——一个基因缺陷必然导致一种疾病——显然过于简化了问题。如今，当我们开始分析健康人群的基因时，获得了各种各样的惊人发现。首先，我们需要开始将那些携带"纯"孟德尔遗传病基因的人视为一个连续的谱系，谱系的一端是严重受影响的患者，另一端则是基因超级英雄。事实上，每个人多少都有"突变"，有些人甚至携带40种"有缺陷"的基因。

作为临床遗传学部门的负责人，西斯卡·维门加认为这种不确定性给她的工作带来了挑战。"我们每天都和病人打交道，"她说，"我们对他们的基因组进行测序，发现其中的突变，然后需要预测这些突变可能意味着什么。理解基因组并弄清楚这些突变什么时候会产生影响、什么时候不会，变得尤为重要。过去，我们对这个问题的认识较为简单，习惯于'非黑即白'，但现在，这一切变得复杂了许多，充满了灰色地带。这是一个非常令人兴奋的时代，作为遗传学家，我感到非常幸运！"

肥胖
都是基因
惹的祸吗？

2024年3月国际顶级医学期刊《柳叶刀》（*The Lancet*）发表的一项研究显示，全球患肥胖症的人数（包括儿童、青少年和成年人）已超过10亿。肥胖问题俨然成为当今社会亟待解决的重大健康挑战。但面对这一挑战，仅靠"少吃多动"能行吗？

最近，你上班的医院新开了一家小型超市，主打方便快捷的食品和饮料。一天，你在排队买三明治时，注意到一位护士站在你前面，她手里拿着一盒沙拉和一杯酸奶，看起来她为自己准备了一顿健康的午餐。如果收银台就在她面前，她很可能会带着这份健康的餐食离开超市。然而，随着队伍逐渐向前推进，收银台周围的巧克力、糖果、薯片等诱人食品开始出现在她的视野中。这些美食通常都被摆放在收银台附近，这是商店的一种常见布局，目的就是诱使顾客购买更多的零食。每次当她走过这些美食时，眼中充满了渴望，但她始终能坚持不买，

绕过它们。这一场"心理战"大概持续了十几次。每一次，你都在心里默默为她加油："加油！你能做到！"终于，护士走到了收银台。就在她稍微放松警惕的时候，收银员立刻趁机推销："今天有新鲜出炉的饼干，买一送一哦。"哎，结果，护士败北，最终还是忍不住，买了几包饼干，带着额外的近800卡路里的热量离开超市。

这个情况究竟该怪谁呢？我们是该责怪那位护士，还是该指责超市把这些食物摆放在收银台旁？又或者是收银员的促销活动让她没能抵抗住诱惑？还是该批评政府没有采取措施，禁止超市将垃圾食品摆放在显眼位置？我们真的应该责怪所有的人吗？

自古以来，控制食物摄入和体重一直被视为是自控力和意志力的体现。例如，佛教修行提倡过午不食，天主教则将暴

下图：
如今，我们可以选择的食物种类非常丰富，而且还经常有各种促销活动，诱使我们买得更多。

食视为七宗罪之一。因此，随着肥胖问题在全球范围内日益严重，特别是在许多发达国家和新兴经济体中，已经成为一场严峻的公共卫生危机，社会大众开始将肥胖和超重归咎于个人缺乏自控力和意志力。

大众普遍认为，肥胖问题其实很简单——只需要少吃多动，就能减轻体重。这个想法看似合乎常理，因为它符合物理学的基本原理：热量无法凭空产生，也不能凭空消失。然而，尽管大家都知道这个道理，现实却是，我们不仅没能解决肥胖问题，反而越来越胖。这表明，单纯依靠"少吃多动"的方法，似乎并不是解决肥胖的万能钥匙。

问题的关键在于，我们一直把关注焦点放在了错误的方向。我们真正需要思考的问题不是"如何变胖"（虽然的确是吃得太多，动得太少），而是"为什么有些人吃得比其他人更多，却依然不容易发胖？"这个问题的答案非常复杂，涉及许多生物学和遗传学方面的知识。现在，我们才刚刚开始认识这些强大的内部机制如何影响我们摄入食物的方式和代谢。

激素与遗传

我们现在已经知道，体内一些特定的激素通过血液循环向大脑发送信号，"告诉"大脑我们身体的营养状况。简单来说，这些信号主要有两种来源。第一种是来自脂肪组织分泌的激素。脂肪是我们重要的"能量仓库"，这些激素向大脑"报告"我们的脂肪储量有多少，这些信息非常重要，因为它决定了我们在没有食物的情况下还能坚持多久。第二种信号来源是胃和肠道分泌的激素，它们是短期信号，"告诉"大脑我们正在吃什么，或者刚刚吃了什么。大脑会综合这些不同来源的信息，进而影响我们下一餐的进食行为，这就像是我们身体中的一个"燃料传感器"，帮助我们调节食欲。不过，尽管所有人

（甚至所有哺乳动物）都有这种"燃料传感器"，我们依旧有胖有瘦各不相同。越来越多的研究表明，我们的体形和体重的差异与遗传因素有着密切关联。

研究双胞胎是确定某些性状是否是由遗传决定的有效利器。同卵双胞胎的基因完全相同，而异卵双胞胎则与普通兄弟姐妹一样，有50%的基因相同。因此，通过研究足够多的双胞胎——不论是同卵双胞胎还是异卵双胞胎——科学家们可以探索许多可能与遗传有关的性状，比如眼睛的颜色、头发的颜色、身高和体重，并计算每种性状的遗传程度。

你可能会发现，像眼睛颜色和头发颜色这样的特征（当然，除去染发的影响）几乎完全由基因决定，基本不受外部环境的影响。而像雀斑这样的特征，尽管也与遗传有关，但它们是否出现、长在哪里以及量的多少，则取决于你在阳光下待了多久。令人惊讶的是，体重的遗传性与身高相似。身高大家都知道是由基因决定的：高个子的父母通常会有高个子的孩子。事实上，人体骨骼和历史记录显示，今天人类的身高普遍比一两百年前的高出几厘米。我们为什么变高了？答案是饮食、环境和生活方式的改变。

体重的变化也是如此，只是变化的速度更快，时间更短。与30年前相比，今天的我们更容易超重，这与饮食习惯、环境变化和生活方式的改变密切相关。然而，尽管如此，我们不能忽视一个事实：如果父母超重，孩子也更容易面临超重的风险。

胖子的最爱

研究食物摄入和体重控制的机制时，基因是一个有效的工具。它帮助我们深入理解在肥胖状态下这些机制可能出现了什么问题。

过去的20年里，基因研究发现了一条重要的脂肪感知通路——瘦素-黑色素皮质素通路。瘦素是一种由脂肪组织分泌的激素，它向大脑传递信号，告知大脑身体储存脂肪的情况。

而大脑中的黑色素皮质素通路则能够感知瘦素的水平，并根据这一信号来调节我们的食欲。这条通路在控制食物摄入方面起着至关重要的作用。如果瘦素-黑色素皮质素通路中有基因发生突变，就可能导致严重的肥胖。当这条通路被破坏时，大脑会错误地认为体内的脂肪比实际情况要少，从而促使我们摄入更多的食物，以补充脂肪。这一脂肪感知机制对所有哺乳动物都至关重要，甚至包括狗。

拉布拉多犬是全球最受欢迎的宠物犬之一，以其温顺的性格和亲和力著称。同时它们也是鼎鼎有名的"贪吃狗"，非常容易发胖。研究发现，约四分之一的拉布拉多犬在瘦素-黑色素皮质素通路中存在基因突变，这使它们比其他犬种更喜欢吃，更容易胖。拉布拉多犬之所以如此受欢迎，除了因其友好、温顺的性格外，还因为它们非常容易训练，尤其适合作为导盲犬。导盲犬通常需要接受严格且高强度的训练，而食物奖励是其中最常用的激励方式。几乎80%的拉布拉多导盲犬携带这类基因突变，科学家认为，正是这些基因赋予了它们对食物的强烈动机，并促使它们形成了温顺、易于训练的性格。

大脑的错

然而，对于人类，瘦素-黑色素皮质素通路的基因突变导致严重肥胖的情况是十分罕见的。当前普遍存在的肥胖问题，

上图：
瘦素蛋白的三维结构图。瘦素是一种由体内脂肪分泌的激素，它向大脑传递信号，告诉大脑身体储存的脂肪量。

更可能是由多基因共同作用引起的，这其中很多基因仅有微小的遗传变异。每种变异单独的影响非常小，几乎难以察觉，但它们的作用加在一起后，累积的效应却十分显著。现在科学家们已经发现了超过100个与肥胖相关的基因，其中大多数在大脑中发挥作用，直接影响我们进食的欲望和摄入量。研究表明，拥有更多这些"风险因子"的基因变异的人，大脑对来自脂肪和肠道的激素反应会稍显迟钝，这就意味着这些人可能会比别人感到更饿，进食更多。

不饿的时候不吃东西，对我们来说很容易做到，不费吹灰之力。但是，试一下，当你的肚子还咕咕叫的时候放下手中的食物，或者少吃一顿，是不是特别难呀？这是因为，作为人类，我们的演化并没有让我们习惯在有食物时拒绝进食。相反，我们的本能告诉我们，食物在眼前时，就应该吃下去，因为我们的祖先常常面临食物匮乏，所以他们见到食物总是开心地吃进肚子来储存能量。

因此，问题的关键在于：瘦子并不是拥有更强的自我控制的意志力，他们只是没有那么饿，而且吃东西容易饱。反过来，肥子并不是缺乏道德、懒惰或意志力不好，而是他们在与自己的生物本能作斗争。从本质上讲，胖子的大脑总是认为自己体内的脂肪比实际情况少、吃的东西比实际要少，从而在下一顿时吃得更多。当然，这并不意味着他们的饭量是别人的两倍，可能只是多吃了百分之五。但每天多一点，时间一长，这就多了好多！

大脑的奖赏策略

因为进食对于我们的生存至关重要，大脑经过漫长的演化，形成了一些独特的机制，确保我们在吃东西时不仅能获得能量，还能体验到愉悦和满足感，这就是所谓的大脑的奖赏策略。举个简单的例子：你一定有过午餐吃饱了，却还是忍不住想要再来一块甜点的经历。这种对甜点的强烈欲望其实是一种大脑的奖励机制在起作用，特别是高热量的食物，如甜点，会比其他食物带来更多的愉悦感。这种机制帮助我们的祖先在远古时期生存下来。那时，人类频繁面临饥荒，能量总是稀缺。因此，大脑通过奖励机制鼓励我们尽可能多地摄取食

物，将额外的能量储存起来，以便有足够的体力去追捕猎物。经过数百万年的演化，我们的身体已经习惯了通过食物获得动力，这种"食物愉悦感"帮助我们养成了进食的习惯，也帮助我们在艰难的环境中存活下来。

至今，仍然有很多人坚信，我们每个人都能完全"掌控"自己的饮食行为，认为环境是决定我们的体形和体重的主要因素，而基因的作用则微乎其微。然而，我们必须认识到，进食的欲望是人类最原始的生存本能之一。这种本能经过数百万年的演化，帮助我们的祖先在食物匮乏的时期得以生存，并逐渐适应了不同的生存环境。

在如今的环境下，超重实际上是一种身体对自然的反应，是演化的结果。我们面临的主要问题是，现代环境与我们几千年来适应的生活方式之间的巨大差异。当下，我们周围充斥着大量高热量的美食，正如护士在买午餐排队时所面对的零食诱惑，再加上现代生活节奏的改变，这一切都与我们的祖先所经历的简朴环境截然不同。正因为如此，肥胖才逐渐成为当今社会的一个严峻问题。

如果没有如今这种"致胖环境"，大多数人不会超重或肥胖。然而，否认基因在我们应对这种环境中的重要作用，对我们应对21世纪最严峻的公共卫生问题——肥胖，是没有帮助的。

治疗失明的新方法

病毒并不总是一无是处。对于一些患有遗传性眼病的人，科学家们巧妙地利用病毒将健康的基因送入他们的细胞，以减缓病情的发展。

人类对黑暗的恐惧是根深蒂固的。英国皇家盲人协会（RNIB）的一项调查显示，相较于患上阿尔茨海默病、帕金森病或心脏病，更多的英国成年人害怕失明。

然而，这种情况正在发生改变，因为治疗失明的神奇方法正在逐步成为现实。近年来，基因治疗有了惊人的进展，帮助许多人重见光明。

基因治疗失明

英国伦敦大学眼科研究所的罗宾·阿里（Robin Ali）教授表示，基因治疗是目前治疗失明最先进的新方法。"它在视力改善方面取得了巨大的进展，"阿里教授说，"如今，制药行业投入了巨额资金来研发一系列的相关产品。"

基因治疗利用改造后的安全病毒，将健康基因导入到那些含有突变基因的细胞中。当健康基因接管突变的基因的功能后，细胞便恢复正常工作，从而实现治疗的效果。眼睛是进行基因治疗的理想部位：不仅便于接触病变区域，而且眼睛对免疫系统有一定的屏蔽作用，可减少免疫系统对病毒的攻击。此外，眼睛是相对封闭的球形结构，局部治疗对全身的影响小。研究表明，与视力相关的基因超过200种，任何一个基因突变都可能引起视力丧失和致盲。

自2007年以来，基因治疗的研究主要集中在罕见的遗传性视网膜疾病，如先天性黑蒙症和无脉络膜症等。这些疾病会导致视网膜细胞的退化，最终导致失明。研究表明，基因治疗不仅可以减缓病情恶化，还能改善视力。经过科学家们的多年努力，2017年12月19日，美国食品药品监督管理局（FDA）批准了全球第一款基因治疗眼科基因缺陷的药品"路可视特纳"（LUXTURNA®）上市。该药物不仅可用于治疗RPE65基因突变导致的先天性黑蒙症，而且它还能够治疗其他由RPE65基因突变引起的遗传性视网膜疾病。LUXTURNA®是美国批准的第一个直接给药的基因疗法，不仅是眼科领域的一项重要突破，也是人类基因疗法的重要里程碑。

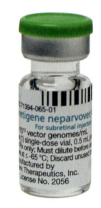

尽管基因疗法为治愈眼科疾病带来了新的曙光，但科学家们仍面临许多挑战。比如，虽然他们已经找到了许多先天性眼病（如先天性黑蒙症和无脉络膜症）的致病基因，但对于更常见的眼疾，如与年龄相关的黄斑变性，尽管知道基因在其中扮演着重要角色，但是科学家们仍未完全揭示与这些疾病相关的所有致病基因。找到这些基因，依然是科研工作中的一大难题。

光遗传学技术

在神经调控领域，人工耳蜗技术已成功帮助不少听障人士重获听觉。那么，全盲患者能否期待通过类似的方式重获视觉呢？光遗传学技术正在为失明患者铺就一条通往光明的道路。

光遗传学是一种结合了基因工程和光学技术的新兴方法，起源于20世纪90年代。最初，科学家们发现了一些微生物中存在的光敏感蛋白，这些蛋白能够响应特定的光波长并调控细胞的电活动。2005年，美国斯坦福大学的科学家卡尔·戴瑟罗斯（Karl Deisseroth）和其团队首次成功地将这些光敏感蛋白引入到哺乳动物神经元中，并通过光来控制神经元的活动，这标志着光遗传学技术的诞生。

光遗传学的基本原理是：通过基因工程手段将来自藻类或细菌的光敏感蛋白导入到特定的细胞中。这些蛋白质能够感应特定波长的光，通过激活或抑制细胞的电活动来控制细胞的功能。当用特定波长的光照射这些细胞时，科学家可以精确控制细胞的行为，从而实现对生物体内细胞活动的调控。光遗传学技术在时间上的精确度可达到毫秒级别，在空间上的精确度则能达到单个细胞级别。目前这项技术在神经科学领域应用非常广泛，未来可能会应用于多种神经和精神疾病的治疗。

视网膜中有两种关键的感光细胞：视杆细胞和视锥细胞，它们帮助我们感知光线并看到世界。然而，一些眼病会导致这些细胞的退化，最终导致失明。为了解决这一问题，科学家们采用了光遗传学的方法，将特殊的光敏感蛋白注入到视网膜中，这些蛋白能帮助那些失去感光功能的细胞重新感应光线。通过用特定波长的光照射这些细胞，能够恢复患者的视力。

与其他治疗方法不同，光遗传学具有巨大的潜力，因为它

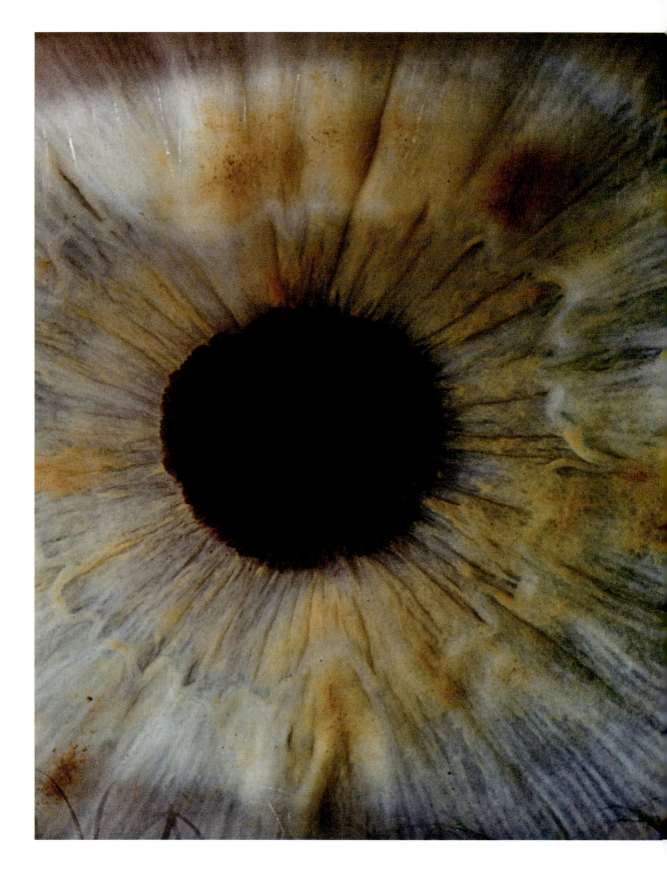

不仅适用于各种类型的视网膜失明，还不依赖于特定的基因或突变，并且一次治疗可能终生有效。如治疗产品MCO-010，纳米视野治疗公司（Nanoscope Therapeutics）基于光遗传学疗法，利用环境光激活的多特征视蛋白（MCO）帮助恢复晚期视网膜色素变性患者的视力，无论患者是否有特定的基因突变。

2023年2月28日，纳米视野治疗公司宣布，他们的治疗产品MCO-010已获得美国FDA的孤儿药和快速通道资格认定。孤儿药认定是美国FDA对符合条件的，用于预防、治疗及诊断影响美国患者人数少于20万的罕见病的药物授予一种资格认定。获得孤儿药认定的药物可以享有某些政策上的支持，包括支持临床开发的财政补贴，以及在监管部门批准后可在美国获得长达七年的市场独占权。快速通道是针对治疗严重疾病或危及生命的疾病的药物，为这些药物提供更为快速的审批程序。该计划适用于所有疾病类型，包括但不限于罕见病。

为什么会失明？

❶ 角膜和晶状体问题

光线进入眼睛后，首先通过位于眼睛最前方的角膜和内部的晶状体聚焦到视网膜上。支撑肌肉会改变晶状体的形状来进行聚焦。角膜变形、晶状体缺乏聚焦能力以及眼球的畸形都可能导致屈光不正。在部分视力丧失（远视、近视、散光、老花）或失明的病例中，有超过 50% 是因此而起的。

❷ 视网膜色素上皮细胞损伤

视网膜色素上皮细胞位于视网膜的最外层，与脉络膜的血管层紧密相连，负责滋养和维持感光细胞的正常功能。例如，在与年龄相关的黄斑变性等疾病中，色素上皮细胞的损伤会导致视杆细胞和视锥细胞的死亡。

❸ 视网膜疾病

视网膜是位于眼球内部后壁部的一层薄薄的感光组织。在视网膜上分布着两种感光细胞：视杆细胞和视锥细胞。视杆细胞对光线、黑暗、形状和运动敏感；视锥细胞对颜色敏感。许多视网膜疾病，如视网膜色素变性，都会损害或破坏视杆细胞和视锥细胞。

❹ 黄斑变性

黄斑是视网膜的中央区域，通常是视网膜上视觉最敏锐的地方。在黄斑的中心，有一个被称为中央凹的区域，这里的视锥细胞最密集，负责高分辨率的视觉。黄斑变性会导致这些重要区域的感光细胞退化。

❺ 视神经损伤

视网膜中的神经纤维通过视神经将来自感光细胞的脉冲传递到大脑。大约 120 万个视网膜神经纤维汇聚在一起形成视神经。青光眼是一种与眼球内压升高相关的疾病，如果不及时治疗，可能会损伤视神经并导致失明。

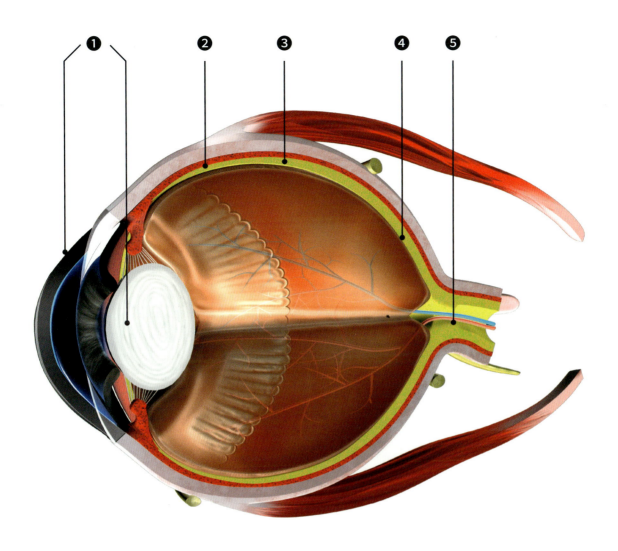

❶
屈光不正

❷❹
黄斑变性病

❸
视网膜色素变性病

❺
青光眼

与超级细菌的战斗

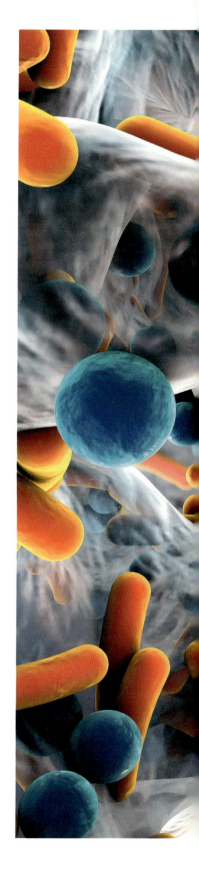

抗生素耐药性正成为全球日益严峻的问题。细菌通过基因突变逐渐变得对药物有抗性，使得它们越来越难以消灭。而更令人担忧的是，病毒、真菌和寄生虫也在悄然发展出对治疗的抗性。面对这一严峻挑战，我们该如何应对呢？

如果你喜欢看末日灾难片，也许会对各种可能导致文明崩溃的情节很熟悉：小行星撞击、致命病毒、外星人入侵、核大战，甚至是僵尸爆发。

但是，抗生素耐药性呢？现在专家们认为，耐药细菌的蔓延可能是对社会的最大威胁——甚至比全球恐怖主义、气候变化以及电影中看到的任何灾难都要严重。

有迹象表明，这场"抗生素末日"已经悄然而至。如今，抗生素耐药性细菌在全球每个国家都有被发现。如果这种趋势继续下去，全球所有的抗生素药物可能在几十年内变得完全无效。2024年9月28日，《柳叶刀》发文警告：1990—2021

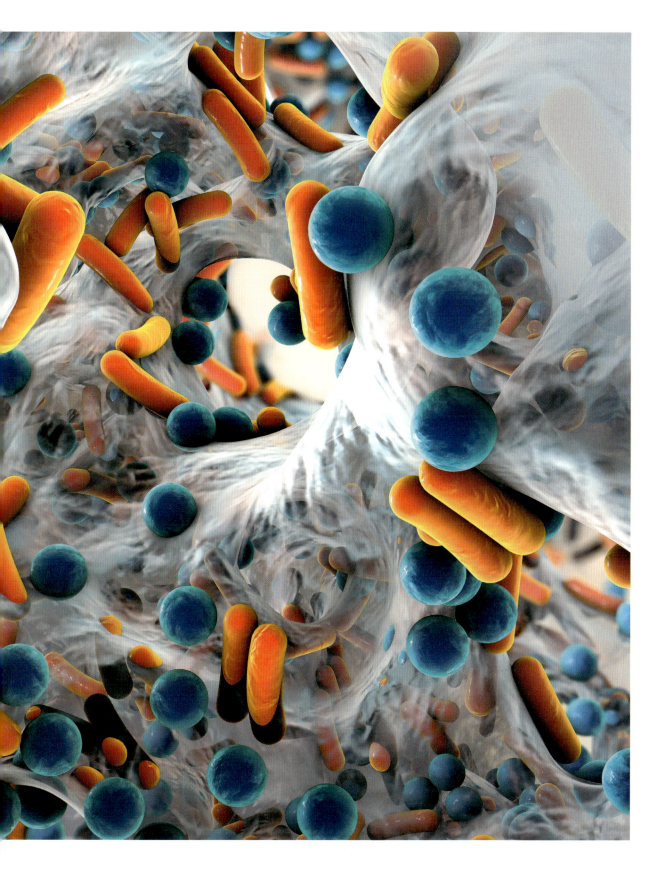

年，每年有超过100万人死于与抗生素耐药性有关的疾病。而每年还有471万人因抗生素耐药性间接死亡。如果我们不采取措施，未来几十年这个数字会越来越高。预计2025年到2050年，将有超过3900万人死于抗生素耐药性，另外1.69亿人会因为抗生素耐药性间接死亡。到2050年，每年将有191万人因为抗生素耐药性死亡，还有822万人会死于与抗生素耐药性相关的其他疾病。世界卫生组织早已经把抗生素耐药性列为全球最严重的健康威胁之一。

抗生素为何如此重要？

抗生素是一类能够杀死或抑制细菌生长的药物，帮助我们治疗各种细菌感染，无论是小病小痛，还是严重的健康问题。它们在医学领域中发挥着至关重要的作用——从治疗皮肤问题（如痤疮），到应对像食物中毒这样的急性感染，甚至是对抗致命的传染病，如结核和脑膜炎。抗生素还能防止伤口在受伤或手术后感染，保护那些免疫力较弱的群体，如正在接受癌症治疗的患者，或刚接受器官移植的人。

抗生素种类繁多，从外用药膏到口服药片，再到注射药剂，各种不同形式的抗生素被开发出来，用来对抗由不同类型细菌引发的感染。自从80多年前首次问世以来，抗生素将全球人类的平均预期寿命提高了大约20年。在没有抗生素的时代，生活充满了危险——任何小小的感染，都可能致命，哪怕是被一张纸割伤。根据历史学家的推测，在现代抗生素问世之前，约40%的死亡是由未能治疗的感染引起的。

抗生素是如何工作的？

抗生素是一类能破坏细菌细胞关键过程的化学物质。它们的特别之处在于，只影响细菌细胞，而不会损害我们

前页图：

许多造成常见疾病的细菌，如大肠杆菌和结核杆菌等，已经对抗生素产生了耐药性。这使得医生在治疗这些感染时变得更加困难。为了应对这一挑战，科学家们正在加紧寻找新的治疗方法，一场紧迫的"替代疗法竞赛"正在进行。

2017 年，世界卫生组织发布了首份抗生素耐药"重点病原体"清单。其中，9 种细菌被列为"极高优先级"和"高优先级"，迫切需要开发新型抗生素……

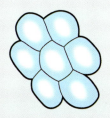

鲍曼不动杆菌

可以引发肺炎，以及在免疫系统受损的患者中引起创伤和血液感染。

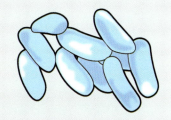

肠杆菌科细菌

可能会成为下一个"超级细菌"。感染耐碳青霉烯类的肠杆菌科细菌后，超过一半的患者会死亡。

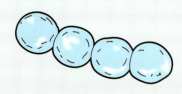

粪肠球菌

引起尿路和血液感染。已经对万古霉素产生了6种耐药性。

绿脓杆菌

已对"最后防线"抗生素产生耐药性，在免疫系统较弱的患者中引发致命的感染。

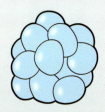

耐甲氧西林金黄色葡萄球菌

大约每30人中就有1人的皮肤上携带此菌，通常它在皮肤上无害，但如果进入人体内部，可能引发严重甚至致命的感染。

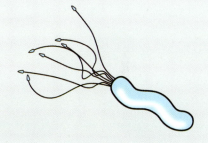

幽门螺旋杆菌

引起胃溃疡的主要病原菌，通常用克拉霉素治疗，但由于耐药性的出现，克拉霉素的治疗效果已大大降低。

弯曲杆菌属细菌

存在于生肉中，是引起食物中毒的常见病原菌。对氟喹诺酮类抗生素的耐药性越来越强。

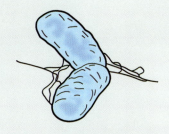

沙门氏菌属细菌

沙门氏菌属中有成千上万种菌株，可引起伤寒、食物中毒等多种疾病。

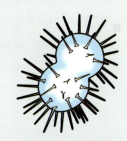

淋病奈瑟菌

可导致通过性传播的淋病，自20世纪40年代以来，已开始出现抗生素耐药性的现象。

人体的正常组织。1928年，苏格兰科学家亚历山大·弗莱明（Alexander Fleming）发现了第一种现代抗生素——青霉素。青霉素来源于一种霉菌，它通过破坏细菌的细胞壁让细菌死亡。而我们的人体细胞没有这样的细胞壁，因此青霉素对我们没有影响。此后，科学家们研发出了许多类似的抗生素。

除了破坏细菌的细胞壁，有些抗生素还通过阻止细菌合成蛋白质、DNA或能量生成来抑制它们的生长。

细菌是如何产生耐药性？

虽然看起来细菌似乎在"学会"如何抵抗我们的药物，但实际上，抗生素耐药性是细菌千百年来演化过程的自然结果。当细菌繁殖时，它们复制自己的DNA并一分为二。在这个过程中，难免会出现一些"错误"，这些错误是基因突变的来源。由于细菌的数量庞大，每一代细菌中都有大量的基因变异。

随着时间的推移，某些细菌个体可能会偶然发生一种突变，使它们对特定的抗生素产生抗性。例如，突变可能改变抗生素靶标分子的结构，让药物失效。或者，细菌可能开始产生某种物质，分解抗生素。以青霉素为例，许多细菌进化出了β-内酰胺酶，这种酶能中和青霉素的效果。

一旦某种耐药性出现，它可能会在细菌间传播，甚至从一种细菌物种传到另一种。细菌通过"基因水平转移"交换遗传信息，像搭建桥梁一样，交换有用的基因，有时会让耐药性基因从无害细菌转移到更致命的细菌中。

耐药性不仅局限于细菌，病毒、真菌和寄生虫也可能发展出抗药性，这种现象被称为"微生物耐药性"。甚至昆虫和杂草，也能对我们用来杀灭害虫和保护作物的化学物质产生抗性。

耐药性是如何传播的？

滥用抗生素会使细菌的耐药性成为一个大问题。因为使用抗生素会破坏人体内的许多细菌，无论是有益菌还是有害菌。这样，剩下的耐药性细菌就能在没有竞争的情况下迅速繁殖，占领这些空缺的位置。这不仅会导致患者生病，还会使得耐药细菌通过接触传播给其他人。医院是抗生素耐药性扩散的"温床"：由于医院中经常使用抗生素，耐药性细菌和基因就会在病房里积聚，随后传播给医护人员、其他病菌和患者。

抗生素使用越频繁，耐药性细菌在某个地区占据主导地

对页图：
亚历山大·弗莱明发现了青霉素，彻底改变了医学界。

下页图：
抗生素（黄色）通过破坏细菌的细胞壁来杀死细菌。

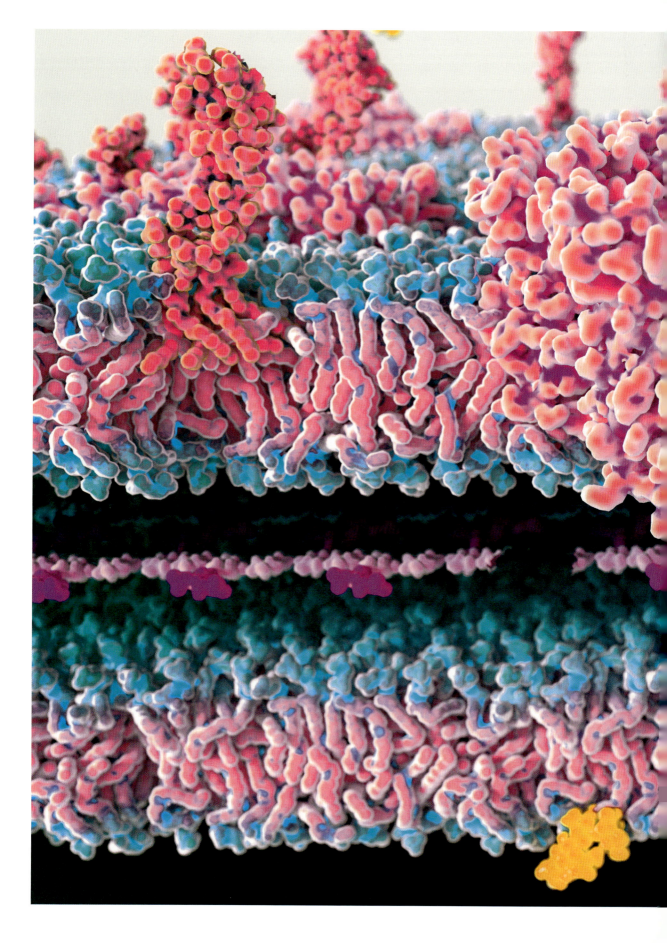

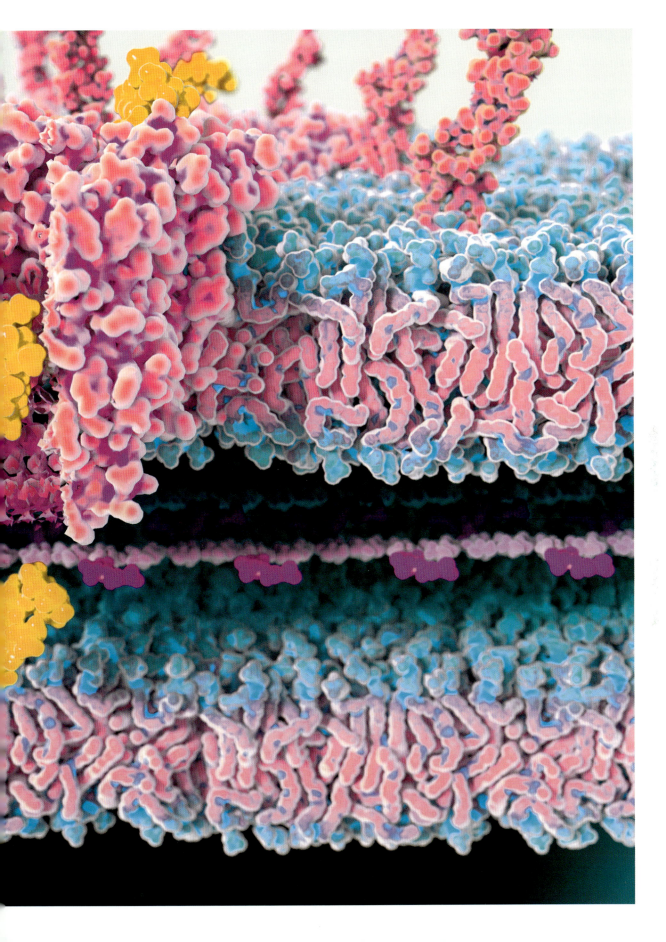

位的概率就越高。而且，耐药性细菌的传播不仅仅源于人类医疗中的抗生素滥用。在一些国家，抗生素经常被用来促进家禽和牲畜的生长，或预防感染的传播。这样一来，携带耐药基因的细菌就有可能通过受污染的肉类、动物产品或施用粪肥的农作物进入人类食物链，传给人类。

即使在那些医院卫生条件良好、监管严格、抗生素使用规范的国家，由于全球化的发展，人们和物品也会从抗生素使用不当的地区迅速前往世界各地，带来新的耐药性威胁。

抗生素失效，会面临什么后果？

如果抗生素失效，细菌感染的死亡率将急剧上升，像结核病和脑膜炎这样的疾病将变得十分致命。许多现在看来并不严重的小病，如脓肿，也会变得难以治疗，甚至可能引发严重的健康问题。

如果抗生素失效，对整个医疗系统的影响将更为深远。全球每年进行数以亿计的手术，几乎所有的手术都需要抗生素来预防感染，确保患者在手术中和手术后能够安全康复。比如，在英国，四分之一的分娩是剖宫产，抗生素在保护妈妈和宝宝免受感染方面起着重要作用。

上图：
如果没有抗生素，即使是常规手术也会变得异常危险。

如果没有抗生素，术后感染的风险将大大增加，很多本来可以进行的手术可能不再安全，甚至无法实施。如果抗生素失效，我们可能不得不彻底改变我们生活和治疗的方式。

我们应该有多担心？

非常担心！许多菌株已经变得对多种抗生素具有耐药性，这些被称为"多重耐药菌"或"超级细菌"的微生物，正给全球的医疗系统带来巨大压力。英国首席医疗官萨莉·戴维斯（Sally Davies）教授曾表示，预期寿命不断增长的黄金时代很快就要让位于死亡率攀升的黑暗时代。她甚至在一项英国政府关于抗生素耐药性的调查中表示，与气候变化相比，她更担心的是"在常规手术中死于耐药性感染"。目前，医院正在努力控制多重耐药菌，如耐甲氧西林金黄色葡萄球菌，而耐药性结核分枝杆菌已经在100多个国家传播，每年造成超过20万人死亡。常见的引起食物中毒的大肠杆菌中，对抗生素的耐药性已经非常普遍，以致常规治疗对超过一半的患者无效。更令人担忧的是，某些细菌已经对我们的"最后防线"抗生素产生了耐药性，所谓"最后防线"抗生素，通常是指在常规抗生素无效时才会使用的特殊抗生素，它们是我们抵御细菌感染的最后一道防线。对抗这些"超级细菌"的感染不仅困难、危险，而且非常昂贵。专家们警告，如果当前趋势持续下去，现有的抗生素可能在未来20年内几乎完全失效！

不能开发新型抗生素吗？

曾有几十年的时间，细菌的耐药性问题并不严重，制药公司也能不断推出新的抗生素来应对细菌。然而，到了20世纪90年代，科学家们开始发现，找到一种既能杀死细菌又不会伤害人体的全新抗生素变得越来越困难。许多新研发出来的抗生素与以前的抗生素非常相似，因此细菌很快就对这些新药产生耐药性。全世界现在使用的抗生素与30年前几乎没什么区别。

现在最大的问题是资金。研发一种新药并将其推向市场，成本极高，可能需要5亿至20亿美元。而这些新的抗生素通常只在非常紧急的情况下使用，作为"最后防线"，又或者细菌很快就对其产生耐药性，这时它们便变得毫无用处。因此，制药公司对投入资源来研发抗生素的动力不大。

但也有一些好消息。2017年，美国斯克里普斯研究所的科学家们成功地"升级改造"了一种常见的抗生素——万古霉素。这款"魔力版"万古霉素能通过三种不同的方式攻击细菌。成为首个能够通过三种不同的药物作用机制杀死细菌的改良抗生素。研究人员表示，三管齐下，细菌几乎不可能同时逃避三种不同的攻击方式，即使对一种杀菌机制产生了抗药性，其他两种机制仍然能有效杀死细菌。这样，"魔力版"万古霉素不仅能轻松碾压细菌的耐药性，成为医生对抗致病细菌的强大新式武器，也为未来研发疗效更强的抗生素提供了有力的借鉴。

也许，除了现代医学的抗生素，传统草药也可能成为我们对抗细菌耐药性的有力武器。比如，美国乔治亚州埃默里大学的民族植物学家卡桑德拉·奎夫（Cassandra Quave）博士，正在地中海地区寻找那些被遗忘的草药，以帮助解决抗生素的耐药性问题。

抗生素有替代品吗？

科学家们正在尝试将抗生素与能够破坏耐药细菌所形成的适应性的化合物结合起来。例如，如果细菌开始产生一种阻止抗生素进入细胞的蛋白质，研究人员可以设计一种"诱饵"化合物来干扰或破坏这些蛋白质的功能，从而让抗生素顺利进入细菌并发挥作用。这样，当患者同时服下抗生素和"诱饵"，抗生素就能重新发挥作用。另一种替代方案是利用某些病毒攻击细菌，这听起来很危险，但这种疗法早在20世纪40

上图：
在实验室琼脂平板上培养的耐甲氧西林金黄色葡萄球菌的菌落。

年代就在苏联和东欧一些国家使用，只是在西方国家长期被忽视。这种方法被称为"噬菌体疗法"。噬菌体是病毒的一种，但它们只攻击细菌，而不会伤害人体。因此，噬菌体可以被用来攻击并杀死细菌。

除了这些方法，还有一些新的研究方向。例如，开发能帮助免疫系统更好地识别并攻击致病细菌的药物，利用纳米技术或病毒直接攻击细菌，甚至通过益生菌（有益的细菌）来与有害细菌竞争。

然而，这些方法也有一个共同的问题：就像对抗生素一样，细菌最终可能也会对它们产生耐药性。所以，解决耐药性的问题依然是一个长期的战斗。

我们还能做些什么？

由于现代交通便捷，人们可以轻松快速地穿梭于世界各地，这使得阻止耐药性的细菌的传播变得更加复杂。因此，解决这一问题需要全球各国共同合作，采取协调一致的行动。为了保持现有抗生素的有效性，我们必须减少不必要的使用：抗生素只能在确诊为细菌感染时使用，并且必须按照正确的剂量和疗程来服用。

科学家们也在致力于研发快速检测的方法，帮助医生迅速判断患者是否需要抗生素。与此同时，还有研究在探索如何阻止细菌之间交换耐药基因，从而减少耐药性扩散的可能性。

在个人层面，保持良好的卫生习惯和勤洗手是减少细菌传播的有效手段。而我们每个人也应该避免在不了解病因的情况下强行要求医生开具抗生素。

总之，社会中的每一个人都应更加珍惜和正确使用抗生素。毕竟，抗生素使用得越多，它们的效果就越差。

我们无法回答的问题 ←

1. 还剩多少时间?

抗生素耐药性是由细菌随机突变和遗传物质转移引起的,因此很难预测耐药性危机何时、何地爆发,也无法准确估计我们还有多少时间来找到解决方案。尽管如此,科学家们正利用新技术追踪全球范围内的"耐药热点",希望能尽早发现并应对这些问题。

2. 全球能否一致应对这个问题?

解决抗生素耐药性问题的努力,在某种程度上与应对气候变化类似:即使某些国家采取了有效措施,如果其他国家没有同步行动,整体进展也会受到限制。虽然一些国家在这方面已经取得了显著成就,但要让全球所有国家都规范使用抗生素,依然是一个巨大的挑战。

3. 什么时候能找到新药?

我们无法预测新型抗生素和延长现有药物使用寿命的新策略能否成功。一款新药可能需要几十年的时间才能证明其安全并广泛应用,而且开发成本非常高昂。即便如此,细菌仍然可能演化出新方法来突破新药的防线。

基因
淘金热

随着基因检测技术变得越来越便宜，许多公司纷纷推出根据你的DNA定制的产品，如葡萄酒、鞋子、健身计划等，宣称这些产品是依据你的基因特征为你量身打造的。但这真的靠谱吗？

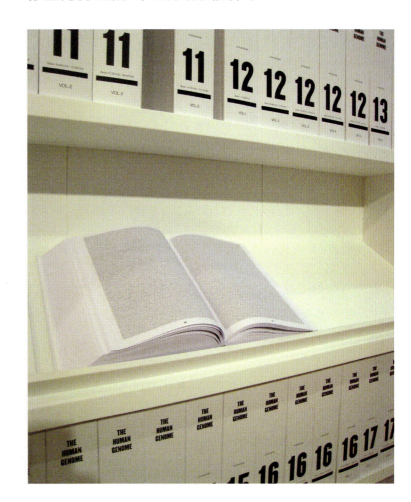

右图：
厚厚的书，每页都密密麻麻地记录着人类基因组的碱基信息。

不到二十年的时间里，人类基因组学——研究个体和群体的基因信息——发生了翻天覆地的变化。想当初，耗时超过10年耗资近30亿美元（以1991年的物价计算）才获得了第一个完整的人类基因组序列。而如今，你只需要将一支装有你唾沫的试管快递出去，几周内就能收到一封电子邮件，详细列出与你的DNA相关的成千上万种变异，包括身体特征、健康状况和遗传信息，而且花费不多。

毫无疑问，许多公司都想抓住基因检测这一浪潮，纷纷推出各种看似令人眼花缭乱的服务，从声称专为你量身定制的健身计划，到适合你个体的葡萄酒推荐等。他们宣称，这些服务都是基于你的基因特征定制的。但这些真的可靠吗？仅凭一滴唾液，真的能获得如此多的信息吗？

早在21世纪初期，一些基因检测公司就开始通过电视、印刷广告和互联网，直接向消费者销售基因检测服务，无须医疗人员的参与。这就是所谓的直接面向消费者的基因检测（DTC-GT），也被称为消费级基因检测、家庭基因检测或自助基因检测等。其实，那时人们对DNA序列中个体之间微小的碱基差异——单核苷酸多态性（SNP）——以及这些差异如何与疾病风险、身体特征（如身高、体重或口味偏好）等相关知之甚少。

尽管如此，许多公司还是仅凭少量的SNP信息，向消费者出售昂贵的健康咨询服务和营养品。由于缺乏确凿的科学证据和未经验证的医学建议，这些产品和服务在多个国家和地区遭遇了监管机构的质疑，并受到限制或禁止。

到了21世纪第一个十年中期，基因测试公司逐渐变“乖”了。为了避免因提供医学建议或诊断而违反相关规定，许多公司开始表示它们的基因测试仅供学术研究和教育用途，不提供任何的医学指导。事实上，到2009年，已有超过500个SNP被

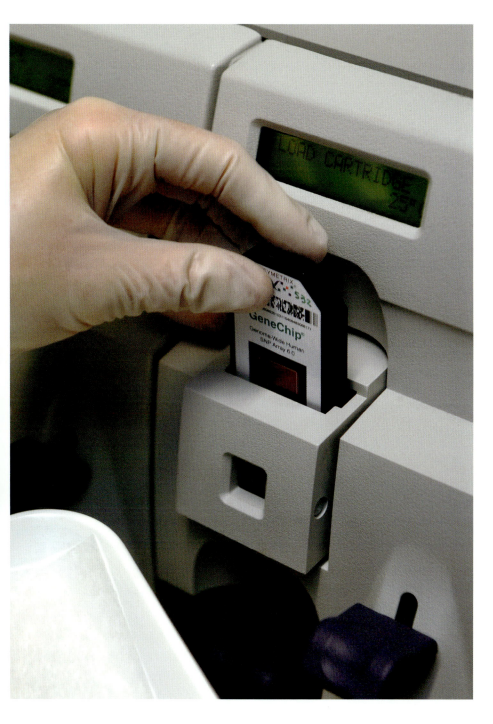

确认与癌症等疾病的风险关联，而且这一数字每年都在增加。因此，任何对生物学充满好奇，并且愿意花费1000美元左右的人，都可以进行基因检测。尽管这些测试越来越受欢迎，但专家们在分析这些结果时发现，很多结果并不准确，存在误导性，甚至有些是完全错误的，这是因为驱动这一切的是虚假的商业营销而非严谨的科学依据。

由于监管加强和市场需求有限，许多最初提供SNP个性化基因测试的小公司纷纷关停或被更大的公司收购。然而，仍有少数公司幸存了下来，继续将SNP与各种疾病风险、身体特征和家族遗传联系起来。近年来，随着技术进步和检测成本的急剧下降，沉寂已久的基因检测市场重焕活力，再次向公众敞开了大门。

上图：
DNA 芯片被放入检测仪中进行检测。

基因组挖掘

直接面向消费者的基因检测公司大多使用以下主要技术来快速且低成本地分析你的 DNA。

采样

分析你的DNA，其实仅需要一点唾液样本，然后将其快递到基因检测公司即可。

提取

公司从唾液中的细胞中提取并纯化你的DNA。

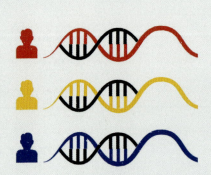

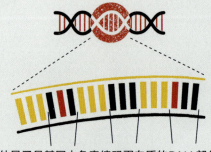

外显子是基因中负责编码蛋白质的DNA部分

SNP检测

识别人与人之间DNA差异的最快方法是鉴定SNP（单核苷酸多态性）。SNP是DNA中某一单核苷酸位点的差异（即A、C、G、T中的一个），其中一些SNP与特定的健康状况和身体特征相关联。

外显子组测序

不同于SNP检测，外显子组测序识别基因组中所有可编码蛋白质的DNA，人类有2万多个基因。外显子组约占人类基因组的2%，它比SNP检测提供更多的信息，分析更为全面，但也更为昂贵。

信息

最后，公司将利用你的DNA变异，为你提供个性化的信息，如祖源、生育规划、疾病风险、体质状况，甚至是饮食偏好。

个性化产品的背后

通过基因信息进行祖源分析已经成为许多公司争相追逐的商机。它们宣称不仅能帮你寻找失散的亲人，而且还能在全球范围内为你寻根问祖。更有一些公司还借机向你讲述浪漫的故事，声称你的祖先可能曾是古老部落的成员、勇猛的战士，或技艺高超的艺术家。

实际上，通过基因检测，我们确实可以追溯家族的遗传背景，尤其是从群体而非个体角度来看。同时，基因组中还可以揭示你有多少来自已经灭绝的尼安德特人。然而，许多人类遗传学和演化研究领域的科学家们并不完全认同这种做法。例如，英国伦敦大学分子和文化进化实验室的研究人员就认为这些测试更像是"基因占星术"。因为人类的婚配与迁徙历史错综复杂，仅凭基因信息来解读，准确性十分有限。

DTC-GT中的另一个热门话题是"利用基因精准引领生活方式"。一些公司声称，通过"破解你的基因密码"，可以帮助你优化饮食和运动，从而改善健康和激发身体潜能。更有公司推荐为你量身定制的维生素补充方案，甚至提供个性化的餐食送货上门。这些公司还信誓旦旦地宣称所有的方案都有科学依据。确实，科学研究发现，某些基因变异与体重、新陈代谢等特征之间存在一定关联。但问题是，遵循基因定制的饮食和健身计划，真的比普通饮食和运动方案更有效吗？目前的科学证据并不支持这一说法。

事实上，2015年英国伦敦大学科学家开展了一项大型随机对照试验。研究发现，在减肥计划中加入关于个人FTO基因（一个与体重相关的基因）的信息，虽然使受试者更加关注减肥，但与单纯的减肥计划相比，并未表现出更好的效果。

另一项研究也显示，尽管受试者通过基因检查得知自己是2型糖尿病的高危人群，但这些基因信息并未在短期内引起

基因应用商店

许多面向消费者的基因检测公司的产品，涵盖了生活的许多方面。然而，这些产品背后的科学证据可能较为薄弱，因此消费者需谨慎购买！

饮食

一些公司根据个体遗传差异提供个性化的饮食建议，这一领域被称为"营养遗传学"。其理念是，通过将食物与肥胖、脂肪代谢和食欲相关的基因变异相匹配，从而实现更好的体重控制。此外，你还可以购买专为你的基因定制的啤酒或美酒来犒劳自己。

运动与健身

除了根据基因定制饮食外，你还可以根据基因量身定制训练计划。无论是周末运动爱好者还是专业运动员，一些公司提供基因分析，涉及有氧能力、力量、耐力、血压，甚至是肌腱强度等方面，帮助你制订理想的训练方案，以及休息与恢复计划。

爱情与家庭

通过比较一组与免疫系统相关的基因——主要组织相容性复合体（MHC），寻找一个"基因兼容"的伴侣。父母还可以通过基因检测，了解自己是否可能生育出患有遗传疾病的孩子。而当宝宝出生后，甚至可以为其进行基因测试，查看宝宝可能继承了哪些性格特征或健康风险。

美容保养

如今，护肤公司提供基于DNA的解决方案，声称可以让肌肤焕发年轻光彩。通过分析与抗氧化保护相关的基因——这些基因可以防止紫外线和化学物质的损害，以及维持皮肤丰盈的胶原蛋白纤维的分解过程，为你定制个性化的抗衰老精华液。

宠物

现在，你的宠物也可以进行基因检测！你可以确认你的狗狗是否纯种，或者搞清楚一只杂种宠物的父母品种，同时还可以查找与健康相关的基因变异。像人类的基因检测一样，你还可以为宠物定制"健康建议"，包括饮食、运动和兽医护理等方面的个性化推荐。

他们生活习惯的显著改变，甚至他们也没有表现出更多的担心和焦虑。

"我认为这些DTC-GT背后是一个聪明的营销策略，其科学基础很薄弱，"英国破译发育障碍研究项目的负责人兼英格兰基因组学公司首席科学家卡罗琳·赖特（Caroline Wright）博士说道，"虽然确实有研究发现某些基因变异与特定特征相关，但这并不意味着检测这些基因就能准确预测一个人的喜好或能力。"

随着DNA测序技术成本的不断下降，DTC-GT公司也在不断扩展业务。如今，一些公司不仅仅提供SNP测试，还转向了更深入的外显子组测序——检测人类基因组中所有2万多个基因的遗传信息，也就是分析所有的编码DNA部分。

首家进入外显子组测序市场的是Helix公司，它是全球DNA测序巨头Illumina公司旗下的一家子公司。Helix公司推出"测序一次，终生受益"的服务，储存用户的外显子数据，并通过应用程序提供随时的在线查询服务，同时第三方合作商将根据基因信息提供健康分析和生活方式建议。

2016年底，Helix推出了第一款应用程序——Geno 2.0，这款软件包是与美国国家地理合作开发的，用于分析个人的家族血统。现在更多合作伙伴正在加入其中，包括美国杜克大学和梅奥诊所等学术机构。此外，Helix还和美国一家新兴葡萄酒公司联合，推出一款个性化的葡萄酒体验——Vinome服务，即通过分析顾客的DNA，将葡萄酒与他们的个人口味进行配对，进而向消费者推荐他们可能会喜欢的葡萄酒产品，其口号是"一点科学基础，更多乐趣享受"。

然而，Helix是否能提供比SNP测试更具价值的基因检测结果，还有待观察。但如果Helix想染指医疗领域，提供与疾病相关的基因分析，那么更为棘手的问题是，它必须确保合法合规。例如，根据美国FDA规定，只有经过许可的医疗专业人员才可以提供医疗检测和医疗服务。

"毫无疑问，确实有一小部分人能够通过外显子组测序受益匪浅，因为他们可能会发现自己携带某种与特定疾病相关的基因变异，"赖特解释道，"但我们也知道，每个人的基因组都独一无二，差异非常复杂。"

赖特指出，虽然我们已经掌握了许多与疾病风险相关的常见基因变异信息，但将这些知识扩展到整个外显子组，仍然是一个充满未知的巨大挑战。大多数人都有一些稀有或独特的基因变异，这些变异看起来可能会对健康造成威胁，但事实上，他们却依然保持着良好的健康。真正的难题在于，如何理解基因组中所有这些变化如何协同作用，最终影响一个人的健康状况。

尽管基因检测技术已经取得了一些进展，但我们仍然缺乏足够的数据来准确判断基因变异与疾病之间的关系。这意味着，在没有充分证据的情况下，可能会错误地诊断某人拥有某种遗传性疾病的倾向，这种过度诊断不仅可能给人带来不必要的焦虑，还可能误导医疗决策。赖特教授表示："事实上，几乎每个人的外显子组中都有一些看起来非常特别的基因变异。这些变异中，部分确实与疾病相关，但也有许多并不会对健康产生影响。"

现在基因测序成本正在迅速下降，Illumina公司的NovaSeq测序仪能将基因组测序费用降至100美元，让人们触手可及。尽管高科技应用激发了消费者对基因组革命的热情，然后，基因检测所面临的老问题依然没有改变，特别是在隐私权、同意权和数据访问权的问题上。对于大多数人来说，在基因应用商店里消磨时间可能只是出于好奇，这样的行为通常无伤大雅，尤其是在我们鼓励公众更积极参与基因学的今

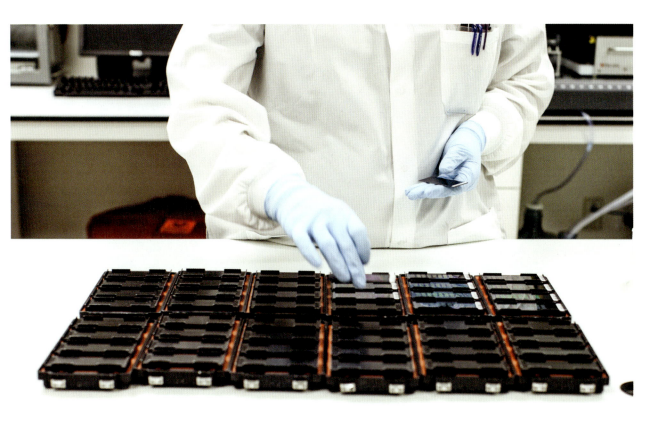

天，提醒人们谨慎似乎有些多余。但从基因中提取数据可能会带来更多的问题，而非答案。

赖特提醒道："你的基因组中不仅可以揭示你的祖先、身体状况，你可能喜欢哪种葡萄酒，还能告诉你是否容易患乳腺癌，或者是否携带可能导致早发型阿尔茨海默病的基因变异。这些信息类型截然不同，但都可以从你的基因中找到。有些信息可能很有趣，而有些则可能让人感到不安。"

基因"淘金热"的浪潮正汹涌而来：也许几年后，测序自己的基因并分析它，就像看电视一样简单有趣。但是，我们必须牢记，这些公司通过承诺揭示基因秘密来吸引消费者，而它们的真正目的是赚钱。基因信息不仅非常强大，而且是极为私密的个人数据，可能会对一个人的生活产生深远影响，因此，在处理这些信息时，我们需要格外谨慎。

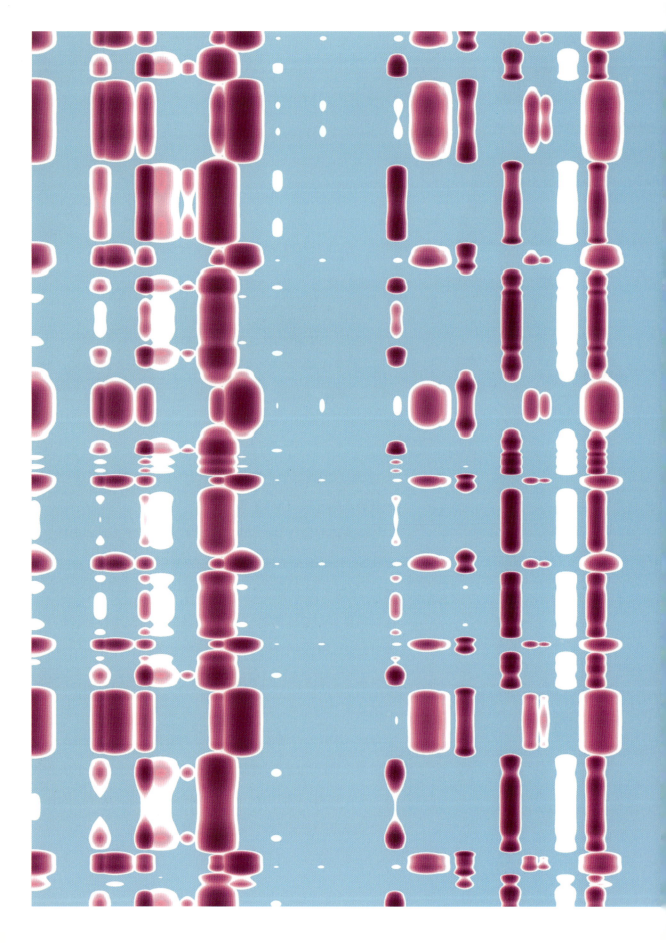

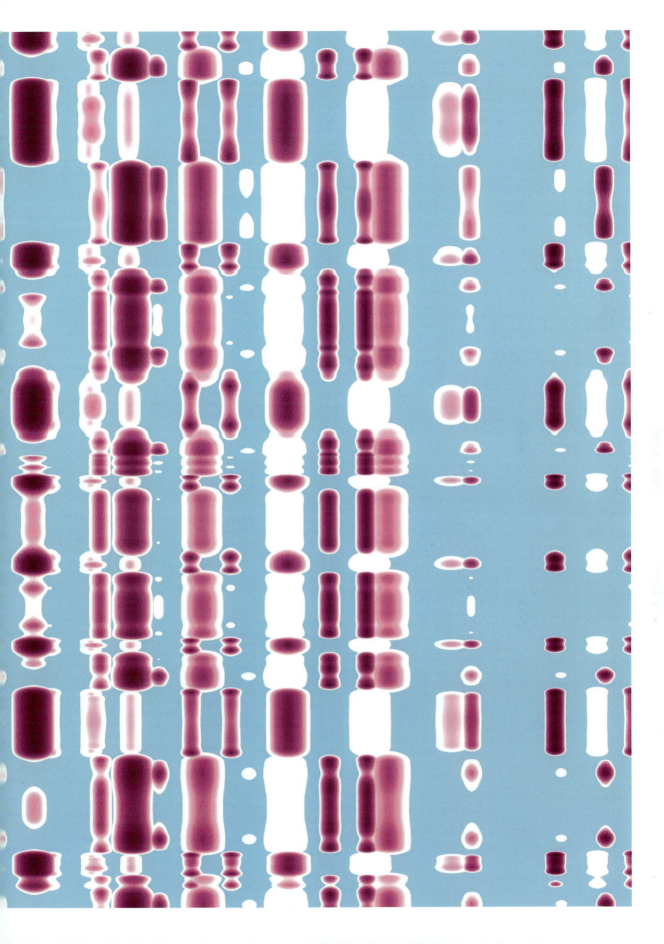

→ 基因检测大众化指日可待

迈克尔·莫斯（Michael Mosley）自愿试用了一款"DNA自助试剂盒"，
并通过它审视自己的过去和未来。

本文作者 ←

迈克尔·莫斯是一位科普作家，
也是英国BBC电视节目《相信
我，我是医生》（*Trust Me, I'm
A Doctor*）主持人。

几年前，我在制作BBC系列节目《地平线》
（*Horizon*）时，试用了由23andMe公司提供的
"DNA自助试剂盒"来检测我的基因。这家公
司位于美国加利福尼亚州，公司名字中的"23"
取自人体体细胞的23对染色体。他们真的让基
因检测变得简单又轻松。我登录网站并支付了
大约150英镑。不久后，我收到了带有使用说明
的试剂盒。当然，这些试剂盒也可以在一些药
店里买到。我按照说明，用拭子擦了擦口腔内
壁采集我的唾液样本，并寄回给他们。几周后，
结果便出现在我的电脑上。23andMe公司的网
站设计得很不错，不仅提供了大量关于我的基
因组信息，还附上了相关研究的参考文献，以支
持他们的结论。

我先从祖源分析看起，显示我有98%的欧
洲血统，还有少许来自中东和北非（1%），另外
还有1%的亚洲血统。这与我所了解的我的家谱
信息一致。随后，我快速浏览了遗传疾病部分，
看到自己并不携带列表中与疾病相关（包括囊
性纤维化）的基因突变后，长长地松了一口气。

接着，我查看了关于遗传性状的部分。他们
非常确信我的头发会比一般人更直，这的确如
此。他们还说我有金发的可能性仅28%，是的，

不是金发。他们还预测我能够耐受乳糖，这一点非常准确。不过，基于我的肌肉状况，他们认为我应该是短跑高手，哈哈，这就太不对了。

接着，我查看了遗传风险因素，这无疑是测试中最具争议的部分。我特别关注自己患阿尔茨海默病的风险，因为我怀疑我父亲晚年有些许痴呆。一个与晚发型阿尔茨海默病（通常在65岁以后发病）密切相关的基因是ApoE。虽然科学家们尚未完全揭示它的具体作用，但已知ApoE会影响一种被称为β淀粉样蛋白的物质。与健康人相比，阿尔茨海默病患者的大脑中，这种蛋白通常积累更多。

23andMe公司的基因检测涵盖了三种ApoE变体：e2、e3和e4。特别需要避免的是e4变异体。根据该网站的信息，如果你有欧洲血统，那么携带一个e4基因变异体的人在85岁之前患阿尔茨海默病的风险为18%～35%。如果你有两个e4变异体，这个风险会升高到51%～68%。幸运的是，我的两个ApoE变异体都是 e3，这种变异体与患阿尔茨海默病的高风险并没有关联。

我去拜访了遗传学家尤安·伯尼（Ewan Birney）博士，他是欧洲生物信息学研究所的主任，想听听他对这些基因检测的看法。

他说："我不是这些检测的支持者。虽然它有趣，你可以用它来追溯你的祖源，但我不建议用它来监测你我的健康。因为这样做，有可能引起你不必要地担心，一直纠结那些可能正确也可能不正确的结果。因此，如有健康疑问，去看医生才是最好的处理方式，他们能为你提供更好的建议。"

伯尼博士表示，这些检测在涉及单一基因突变引起疾病上还是比较可靠的，但对于许多常见病来说并不准确。他说："对于大多数常见的疾病，比如心脏病和2型糖尿病，医生通过做一些简单的检查和了解你的家族史，就能够知道更多。而且，不论你的基因如何，医生给出的建议都是一样的：健康饮食、经常锻炼、不抽烟。"

返老还童

利用干细胞技术的基因治疗显示，或许我们真的可以逆转衰老，返老还童。

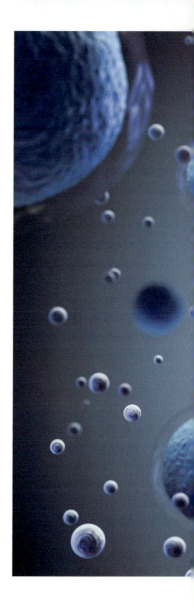

　　自古以来，人们就梦想着能"长生不老"或"返老还童"，因为衰老和死亡是每个人都无法逃避的现实。很多古老的故事中，都有关于"不老仙丹"的传说，这些都是人类渴望永葆青春的表现。

　　随着分子生物学的发展，科学家们发现，通过改变一些基因，的确可以减缓衰老过程，甚至延长生命。然而，开发出一种既安全可靠又能有效阻止衰老相关疾病或逆转衰老进程的基因技术，仍然是一个遥不可及的梦想。现代科学尤其是干细胞研究的进展，为这一梦想带来了新的希望，这或许是实现医学界传说中的"返老还童"的第一步。

奇妙的干细胞

　　我们每个人都是从一个小小的受精卵开始发育的。当卵子和精子结合后，形成了受精卵。这个受精卵经过几次细胞分裂，产生了很多小小的细胞。每一个都可以变成任何一种我们身体需要的细胞，因此这种细胞被称为干细胞。

　　干细胞就像生命之树的树干一样，随着胚胎的进一步发育，这些细胞发育成神经细胞、肌肉细胞、肝脏细胞以及其他

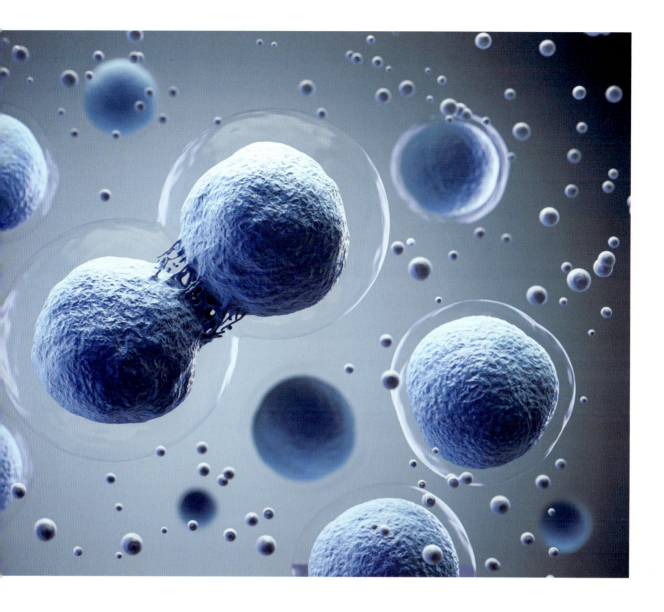

上图：
干细胞分裂渲染图。

各类细胞——每一种细胞都肩负起成熟身体内的一项特定使命，这个过程科学上称为分化，就像从树干上长出了各种各样的枝条。

以前，科学家们普遍认为这个过程是单向的：细胞一旦分化成了某种特殊的细胞，就不能再回到干细胞状态了。1962年，约翰·戈登教授用从成年青蛙的体细胞中提取的完整细胞核成功地克隆了一只青蛙，表明分化的细胞核仍保留有成功恢复至未分化状态的能力，有可能重新启动发育。

神奇的山中因子

　　植物细胞，即使是从一小片叶片上取下的，只要在合适的培养条件下，就能从已经分化的细胞回到干细胞状态，然后再发育成整株植物。而动物细胞通常无法像植物细胞一样"回到过去"，无论如何培养，它们最多只能自我分裂，不能重新变成干细胞。

　　然而，2006年，日本科学家山中伸弥（Shinya Yamanaka）和他的团队打破了这一局限。他们将4个特别的基因导入到小鼠的体细胞中，奇迹发生了！这些细胞回到了像胚胎干细胞一样的状态，变成了可以转化成身体任何细胞的"万能细胞"。这项发现让全世界的科学界都非常震惊，因为他们第一次证明了，原来只需要几个基因，就能将普通的体细胞变成万能的干细胞。

　　后来，这四个基因被命名为"山中因子"，科学家们通常用它们来把任何类型的成熟细胞转变为未分化的细胞。通过这种方法得到的细胞被称为诱导性多能干细胞（iPSC），iPSC是人为地诱导出来的，能够无限分裂，变成身体里需要的任何细胞。

　　因为约翰·戈登教授和山中伸弥的伟大发现，他们共享了2012年诺贝尔生理学或医学奖。

重返青春的小鼠

　　利用"山中因子"将细胞转变为iPSC时，细胞的年龄就被"重置"，恢复到更年轻、更活跃的状态。但如果在活体动物中大规模地诱导细胞转变为iPSC，这可能会导致细胞失去正常功能，干扰器官的工作，引发器官衰竭，甚至死亡。

　　于是，科学家们提出一个巧妙的办法，让"山中因子"在细胞中周期性地"工作"。这样细胞既能享受一下变年轻的好处，又能避免转变为干细胞。

科学家们首先在小鼠和人类皮肤细胞上进行了实验。当他们间歇性地启动"山中因子"时，细胞不仅逆转了衰老的迹象，还保持了原有的皮肤细胞特征。

接着，研究人员将这一方法应用于患有早老症的小鼠。早老症是一种导致加速衰老的疾病。当"山中因子"在小鼠体内间歇性地启动后，小鼠的心血管功能得到了改善，其他器官的功能也有所提升，结果这些小鼠的寿命延长了30%。

最重要的是，这些小鼠并没有因此增加患癌的风险——这是非常关键的，因为很多基于干细胞的方法都提高了患癌率。

然后，科学家们将研究转向了年老的小鼠。结果发现，这些小鼠的胰腺和肌肉的自我修复能力大大提升，恢复了部分年轻时的活力。

参与这项研究的科学家伊兹皮苏亚·贝尔蒙特（Izpisua Belmonte）表示："当然，小鼠和人类不同，想让人类逆转衰老会更加复杂，但这项研究告诉我们，衰老是一个动态和可塑的过程，因此通过科学手段逆转衰老并不像我们先前认为的那样困难或不可能。"

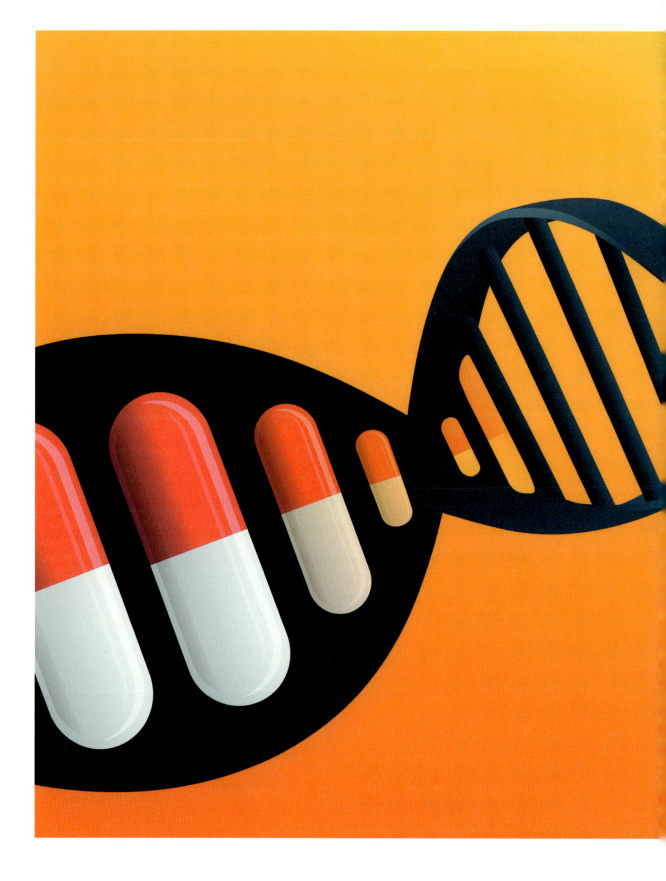

量身定制的精准医疗

有研究发现，常规治疗药物可能对高达75%的癌症患者没有效果，或者疗效非常有限。为什么呢？因为这些药物通常是根据"平均人"来设计的，可实际上，每个人和他的病情都是独一无二的。就像没有两片完全相同的树叶，我们和我们的疾病都有自己的"个性"。

与过去相比，现代医学创造了许多奇迹，但它也有一个不容忽视的问题。虽说每天都有新的科学突破或新的医疗方法被公布，但是医生们知道，即使是最有效的药物，也无法保证对每位患者都有效。例如，治疗抑郁症、哮喘和糖尿病的常见药物，30%～40%的患者服用后没有任何效果。而对于一些像关节炎、阿尔茨海默病和癌症这样更难对付的疾病，无法从治疗中获益的患者更是高达50%～75%。

这个问题的根源在于药物的研发过程。传统上，如果某种药物在临床试验中对大多数具有相似症状的患者有效，就会被批准使用。然而，那些在试验中没有反应的患者往往被忽视了，没有人追问为什么对他们无效。于是，当这种药物正式上市并广泛使用时，就会出现和临床试验一样的情况——这种最新的"特效药"对一些患者并没有达到预期的效果。

这种"一刀切"的药物研发模式虽然找到不少20世纪最重要的药物，如今越来越被认为是低效、过时甚至有些危险的。因为利用这种方法研发出的药物，针对的是"平均人"。但事实上，我们每个人都是独一无二的，我们的疾病和对药物的反应也是如此。而且许多药物不仅对部分人群无效，甚至还可能引起严重的不良反应。

令人欣慰的是，一种全新的医疗方式正在崭露头角。随着我们对基因差异的了解不断加深，医生们开始根据每个人的独特基因特征来量身定制治疗方案和健康建议，而不再仅仅依赖于适合大多数人的通用治疗方法。

精准医疗，也称个性化医疗，是利用患者的基因数据、其他分子层面的信息，以及临床症状和体征，为患者量身设计出最佳治疗方案。

我们知道基因在很大程度上决定了我们的身高、眼睛颜色或是否患有某些遗传性疾病。但事实上，基因对我们的特征影响远不止于此。我们与生俱来的基因，通过各种组合以微妙的方式影响我们的生长、发育和健康。随着年龄增长，我们罹患某些疾病的风险、代谢食物的方式，甚至对特定药物的反应，都与我们的基因密切相关。

依据我们现在对基因的了解，基于个体基因信息来治疗疾病应该是理所当然的。但事实上，这一切直到最近十年才成为可能。这要归功于DNA测序技术的巨大进步，让我们能够更快速、经济地解读基因信息。

2003年，人类的第一张基因组序列草图公布。这是全球科学家们共同努力的成果，历时超过十年，耗资约30亿美元。然而，仅仅15年后，测序一个人的基因组只需数小时，成本也

对页图：
23andMe 公司的"DNA 自助试剂盒"是英国首款消费者无需医生处方即可购买的基因检测试剂盒。该试剂盒可以帮助用户了解更多关于个人的基因特征、健康信息以及家族谱系。

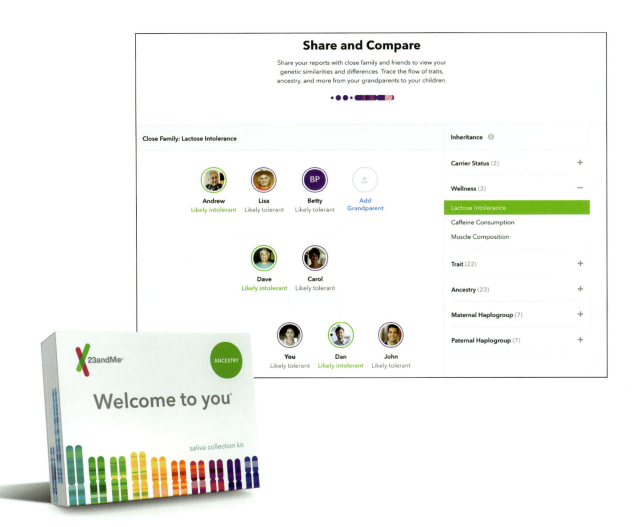

大大降低。这意味着医生和研究人员可以更轻松获得患者的基因信息，从而更快地开发出有针对性的治疗方法。

个性化癌症治疗

目前，这种全新的个性化治疗方式在癌症治疗领域影响最大，尤其是对肺癌的治疗，精准医疗可是赢得了一场大胜仗！

酪氨酸激酶抑制剂（TKI）是一种常用的抗癌药，它可以阻止肿瘤生长。但多年来，医生们一直困惑：为什么这种药只对约10%的肺癌患者有效？直到21世纪初期，研究人员通过分析患者肿瘤的DNA，发现TKI只对那些EGFR基因发生特定突变的患者有效。这个突变会让细胞不受控制地生长，而TKI能阻止这种情况，从而帮助缩小肿瘤。但对于那些基因变异不同的患者，TKI不仅没有效果，反而会引起一连串难以忍受的副作用。

最终，科学家揭示了不同类型肺癌背后的核心基因，并且肺癌的诊断方法也发生了改变：不再仅仅根据癌细胞的生长部位和在显微镜下的形态分类，还要检测基因突变，并据此来选择治疗方案。即使肿瘤在治疗过程中发生变异，产生耐药性，医生也可以追踪这些基因变化，并选择新的靶向药物进行治疗。

现在科学家们正在积极研发各种先进的个性化癌症治疗方法。细胞免疫疗法是其中之一，这是通过改造患者自身的免疫细胞，让它们变得更强大，然后精准、快速、高效地攻击癌细胞。

2017年，美国FDA批准了一种开创性的癌症治疗方法——嵌合抗原受体T细胞免疫疗法（CAR-T疗法）。这种疗法利用了一种名为T细胞的免疫细胞，T细胞就像人体里的"小

全基因组测序

"全基因组测序"是读取一个人或生物体的整个 DNA 序列，得到由 A、G、T 和 C 四种字母组成的字符串。人类基因组序列由大约 30 亿个碱基对组成，其中，很多没有明确功能，因此，测序通常是针对含有基因功能的区域（即，外显子组测序），或者仅仅聚焦于一些有变异或特殊意义的区域。

首先，从细胞中提取并纯化出 DNA。然后通过一种特殊的"复制粘贴"方法，将少量的 DNA 扩增成成千上万份，得到足量的 DNA 样本进行分析。

为了获得基因组的序列，经过扩增的 DNA 样本被切割成数千个小片段。然后通过电流将这些小片段按照大小分开。在老式的 DNA 测序技术中，通过影像学技术，这些小片段会以"条带"模样一一呈现出来。

以前，这些条带的分析工作是靠人用眼睛一条一条去看的，速度极慢，耗时耗力。如今，强大的机器——高通量测序仪——能够在极短的时间内完成同样的工作，大大提高了测序的效率和速度。

左图：
人类基因组中的 30 亿个碱基对，以 A、G、T 和 C 四个字母表示，将它们全部打印出来并装订成书，总共有 100 多本，每本书约 1000 页。

战士"，专门负责打击和消灭"敌人"——比如病毒、细菌或者癌细胞。医生从患者体内取出T细胞后，使用特殊的技术给它们安装一个"导航装置"来识别癌细胞，这个装置叫作CAR（即嵌合抗原受体）。有了这个装置，T细胞就变成了"超级战士"，能够快速、准确地识别并攻击癌细胞。然后，将这些"超级战士"重新注回患者体内。这样，这些T细胞就能精确地识别并杀死体内的癌细胞。近年来，CAR-T疗法在治疗癌症方面取得了显著效果，科学家们相信，它可能成为治愈癌症的希望。

精准医疗在药物安全性方面也发挥着重要的作用。虽然出现严重药物不良反应似乎很少见，但令人吃惊的是，它是北美第四大死因，占总住院病人的7%。这个问题的根源仍然是我们总以相同的疗法，治疗各种不同的病人。

简单的个体基因检测可以让我们对将来可能面临的健康问题有个初步概念，而由专业人员进行的更详细和深入检测，则能够找出对特定药物敏感的关键基因，或是判断患者是否对特定的药物代谢更快，因而需要更高的剂量。这个领域就是药物基因组学，虽然它目前还不是医院和诊所常规的做法。不过现在正在研发的新软件，未来能帮助医生根据每个人的基因信息来开药。也许有一天，医生给你开药之前，先检查一下你的基因。

数据驱动的医疗决策

精准医疗不仅仅关注基因。未来的医学将由多种分子层面的数据驱动，这些数据能够以前所未有的精度来捕捉每个人的健康状况。

皮耶特·库里斯（Pieter Cullis）是加拿大不列颠哥伦比亚大学的生物化学家，他著有多本关于精准医疗的书籍。他说：

下图：
CAR-T 细胞正在攻击癌细胞（黄色和绿色）。CAR-T 细胞是取自患者的免疫系统并通过基因工程技术改造了的细胞。

"现在的技术可以详细地了解你的基因组、蛋白质组、代谢组以及个体的微生物组，而且成本越来越低。基因分析确实提供了很多重要的信息，但由于基因在一生中基本不变，因此它们无法告诉你，你是否患有某种疾病，也无法判断治疗是否有效。而血液中的蛋白质或代谢物则能实时反映你的身体状况，显示你的身体正在朝什么方向发展，或者你所服用的药物是否在发挥作用。"

通过简单的血液样本，科学家们可以在身体出现明显症状之前，早早发现一系列疾病的线索（即"生物标志物"）。例如，许多胰腺癌患者通常是在出现症状后才被确诊，而此时病情往往已经非常严重。事实上，有些胰腺癌患者可能在长达15年的时间里都没有任何症状。然而，在此期间，体内已经出现了某些生物标志物，通过分子检测可以探测到这些标志物，从而提早发现疾病。

库里斯教授表示，强大的计算能力、庞大的基因与生物医学数据库，以及更多的分子生物学家加入医疗领域，将真正颠覆医学的格局。"我们将从以疾病治疗为主的医疗模式，转向预防为主的模式，"他说道，"我们将在疾病发生之前，或者在其早期阶段就将其'捕捉'到。"

美国俄亥俄州全美儿童医院的基因组学教授、精准医疗专家伊莱恩·马迪斯（Elaine Mardis）博士称此为"精准预防"。

马迪斯教授表示："对于那些有较高风险罹患某些疾病的人群，需要进行更频繁的健康监测和筛查。尤其是一些基因或生物机制存在问题的人，例如某些人可能会因为基因突变率过高或DNA修复能力受损，而更容易患上癌症。对于这类高风险人群，提早检测，采用一些特定的治疗方法，也可以帮助他们推迟或延缓首次癌症的发生。"

目前，针对肾癌、口腔癌、卵巢癌等多种癌症，已有量身定制的"癌症疫苗"在研发中。这些疫苗可以帮助人体对特定癌症产生"免疫力"。马迪斯教授表示："在我看来，这就是精准肿瘤学的精髓所在！"

从癌症到更多疾病

除了癌症，精准医疗也开始在许多其他疾病领域发挥影响。2016年，英国威康桑格研究所的研究人员揭示，最常见且最危险的白血病类型——急性淋巴细胞白血病（ALL），并非单一疾病，而是由11种不同的亚型组成，每种亚型对治疗的反应截然不同。

艾滋病病毒（HIV）和丙型肝炎病毒（HCV）也有多种类型。根据患者和所感染病毒的基因组数据，医生可以更精准地选择针对特定病毒类型和病人特点的药物组合，从而有效减少副作用的发生。这一点尤为重要，因为某些副作用可能导致患者停止治疗。在加拿大，采用这种结合基因数据的精准治疗方法，艾滋病的死亡率已经降低了90%。

阿尔茨海默病是一种很难治疗的脑部疾病，基因分析揭示了某些治疗方式可对一些特定亚型有较好反应。此外，医生们还可以通过一些生物标志物，在无明显症状之前就开始治疗，从而有效延缓疾病进程。

然而，尽管这一领域的研究成果令人兴奋，且取得了若干显著的成功，但仍然有一个现实问题：在全球大多数医疗系统中，个性化医疗所需的专业生物分析仍然无法普遍实施。例如，在英国，除了肿瘤科，尚未建立起一个完整的系统来收集并分析每位患者的生物分子数据。精准医疗在很多情况下仅作为最后的手段或应用于临床试验中的少数患者，而且接受过基因组测序的人群比例依然很低。

上图：
2015年1月20日，时任美国总统奥巴马宣布启动精准医疗计划，对100万名志愿者的基因组进行测序，并在多年内追踪他们的健康状况。

不过事情正在慢慢改善。2012年12月，英国启动"十万人基因组计划"（The 100 000 Genomes Project），对罕见病患者及其家人以及常见癌症患者的100 000个完整基因组进行测序。该计划的测序工作于2018年年底完成，耗资超5亿美元，主要针对17种癌症和约1200种影响儿童和成人的罕见病，共收集了100 249个基因组序列。现在科学家们正在对获得的数据进行深入的分析和挖掘。2016年，英国国家医疗服务体系（NHS）公布了其个性化医疗策略，助力在更多的医疗领域采用精准医疗。

在美国，2015年1月20日，时任美国总统奥巴马宣布启动精准医疗计划。根据该计划，美国将搜集100万人的个人健康信息以及测得他们的基因组序列。据库里斯教授的说法，2016年美国批准的约40%的药物都是"个性化"的——意味着该治疗需要搭配"个体基因检测"，以确保治疗的精准性。"在癌症治疗领域，已经发生转变……对癌症患者体内的肿瘤进行基因组测序，并决定最佳的治疗方案。"库里斯教授说道。

但要在所有医疗领域推广精准医疗，需要大幅调整各体系的人员和结构。

"精准医疗的一个重要方面是预防性医学和治疗，而传统的医保体系从未覆盖这些费用，"库里斯说。"这将是一次巨大的转变，除了医生，还需要大量经过生物分子分析培训的专业人员。而能够最早享受这种医疗服务的，将是那些自己能够负担起相关费用的患者。"

库里斯预见，在未来几十年，传统的看病方式可能会被"分子咨询师"取代。分子咨询师将通过定期分析血液中的生物标志物，追踪健康状况，并根据个体基因推荐合适的治疗方案。这些服务还可能通过网络方式进行，患者只需将自己的血液样本数据上传到网上进行分析，再通过互联网进行咨询。

"分子分析将对医生产生颠覆性的影响，"库里斯说，"它将取代诊断和开药过程，医生将变成你的健康教练，帮助你保持健康，注意你是否需要增加运动，或改变饮食。"

那么，你是不是该考虑做一次基因组测序了呢？或许现在还不是时候。根据检测的性质和复杂性，基因检测的费用可能从150英镑到几千英镑不等。

"我也做过基因检测，但并没有觉得它特别有用，"库里斯说道。"它告诉我，我在年轻时可能容易被感染，但我现在已经不再年轻了。"

然而，随着医疗系统逐渐将生物信息学和基因组医学作为核心，未来的医疗无疑将围绕个体的基因展开。

"个体基因组测序将会越来越便宜，"库里斯说，"你只需要做一次。等到相关的系统建立后，每次你去看医生时，基因信息都能为你提供重要的健康参考，陪伴你一生。"

未来的全科医生

如果精准医疗的潜力得到完全实现，那么未来看病方式可能会发生巨大的变化。

首先，你可能会发现，医生主动邀请你来就诊，而不是你去找医生……

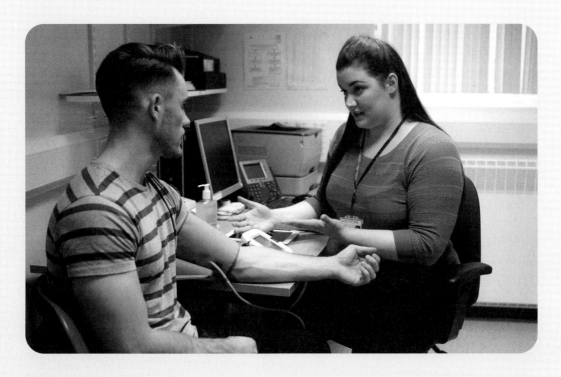

- 为了更好地追踪你的健康状况，你需要定期将血液或其他体液样本数据上传到互联网，由专家远程分析。

- 通过先进的数据分析技术，专家们能够在你尚未出现任何症状时，仅凭疾病或健康异常的生物标志物就提前警示你的医生。这些标志物往往能比症状出现得更早。

- 有了你的分子数据、基因信息、家族史以及其他相关信息，医生甚至能在你未感到不适的情况下，针对你的病情和基因特征为你安排最佳的治疗方案。

- 在治疗过程中，医生会不断监测与你健康状况相关的分子指标和疾病发展，以便随着你的身体反应及时调整治疗。

- 如果分子分析技术足够先进，诊断和治疗决策的大部分过程可以通过互联网等远程服务完成。

第三部分

基因与

↓

未来

未来，基因工程或许是我们解决难题的"魔法钥匙"，帮助我们消除饥荒、治疗疾病，甚至拯救濒临灭绝的生物。但前提是我们必须足够理解基因的奥秘，并确保在修改基因时不引发潜在的危险。我们接下来该何去何从呢？我们应该用它来解决哪些问题？是拯救更多物种，还是复活那些已经灭绝了的生物？

1996 年 7 月 5 日诞生的多莉羊是第一只用成年体细胞成功克隆的哺乳动物。

2015 年，英国批准携带线粒体疾病的家庭进行线粒体置换技术，成为世界上第一个将"三亲婴儿"合法化的国家。

2.063 亿

2023 年，全球转基因作物种植面积比上年增长 1.9%，达到 2.063 亿公顷！

91%

2023 年，美国、巴西、阿根廷、印度和加拿大是全球前五大转基因作物种植国，占全球转基因作物种植面积的 91%。

无性生殖的生物在繁殖时，它们会产生一个与自己完全相同的复制品。克隆就在自然界中"自然"发生了。

用基因技术改造苹果的 DNA，使它产生较少的多酚氧化酶，可减少褐化，降低了运输及加工生产成本。

在美国，食用非转基因食品，将使家庭的平均食品预算每年从 9462 美元增加到 12 181 美元。

40%

到 2023 年，美国常年种植转基因作物约 11 亿亩，占其耕地面积的 40% 以上。

克隆羊，
去哪儿了？

自从科学家克隆多莉羊已快接近30年了。从那时起，其他一些动物也陆续被克隆出来。但我们还要继续做这件事吗？对于克隆人这个议题，未来的走向会是什么？

比尔·里奇（Bill Ritchie）是英国爱丁堡大学罗斯林研究所的胚胎学家，曾参与克隆羊多莉的研究。他早就知道，克隆羊的诞生会是个大新闻。但回顾当时媒体纷纷报道的情形，他仍然对那场轰动感到惊讶。"那个周一早晨，研究所外停满了卫星直播车，都忙着向全世界报道新闻……一切都乱套了。"

有记者认为，多莉的诞生可能会引发科学大爆炸，如同原子弹爆炸、人类登月球或DNA双螺旋结构的发现带来的科学技术大飞跃。也有人指责科学家们在"扮演上帝"。还有人设想，未来会有成群的克隆羊。甚至有评论者提出了一个令人担忧的观点："不久以后，一名大学生或研究生都有可能克隆出一个人来。"也有乐观的看法，认为克隆技术有可能拯救濒危物种。

克隆技术是如何工作的？

早期胚胎中的细胞是干细胞，可以分化成身体的任何细胞，比如皮肤细胞、肌肉细胞、神经细胞或血液细胞。在多莉诞生之前，大家都认为在哺乳动物中，这一过程是不可逆的。但多莉证明了这一点并非如此。

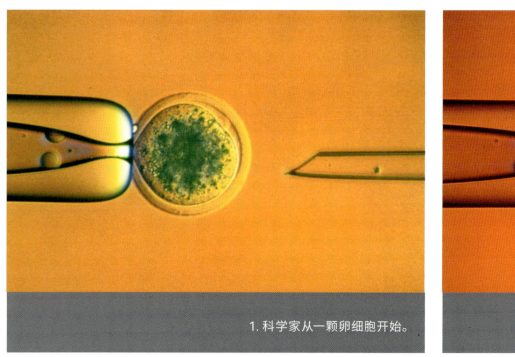

1. 科学家从一颗卵细胞开始。

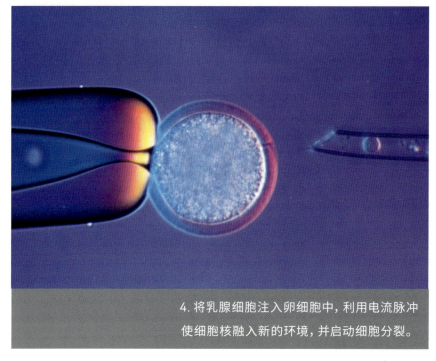

4. 将乳腺细胞注入卵细胞中，利用电流脉冲使细胞核融入新的环境，并启动细胞分裂。

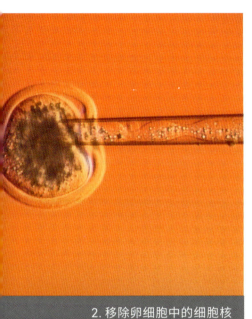

2. 移除卵细胞中的细胞核（含有大部分遗传物质）。

3. 用细针吸取一个已分化细胞，图中为成熟个体的乳腺细胞。

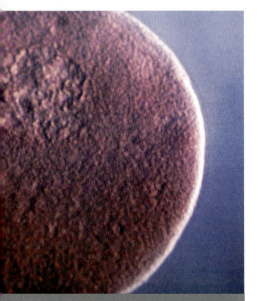

卵细胞和分化细胞成功融合。从图中可以看出，卵细胞已有了一个细胞核（上部中心）。

6. 将胚胎植入代孕母体的子宫，母体孕育并分娩克隆体。

鉴于克隆动物激起的轰动，和众人对未来发展的众说纷纭，我们的确应该问问：到底发生了什么？那些克隆动物如今都去哪儿了？哪些成功了？哪些失败了？今天还有谁在进行克隆研究？原因又是什么？距多莉诞生已快30年，它为这个世界留下了什么？

"当时大家都以为克隆很简单，"里奇说，"但事实并非如此。"在克隆多莉的实验中，里奇将从成年羊的体细胞中取出277个细胞，移植到卵母细胞后，仅仅得到29个成活的胚胎。将这29个胚胎植入代孕母羊体内后，最终，只有一只小羊顺利诞生。"这效率真的太低了，"他解释道，"我有时候甚至都在想，这到底是怎么成功的？"

那到目前为止，这项技术的效率提高了没有？里奇说："不多。克隆动物的效率仍然很低。"这也说明了为什么当初预期的很多应用领域都没有多大进展。

低效与激励

由于克隆技术的效率低，克隆动物的成本依然非常高，只有资金雄厚的个人或团体才能承担得起。例如，在美国爱达荷州，一位商人兼赛马爱好者唐纳德·杰克林投资了克隆骡子的项目。克隆技术也被用来繁殖被阉割了的赛马的"复制体"。虽然成本很高，但考虑到优质种马可能带来的高额回报，这样的投资对某些人来说还是有吸引力的。

那么，克隆动物真的有意义吗？我们应该克隆人吗？未来会怎样？

能克隆尼安德特人吗？

尼安德特人是与我们最亲近的古人类，在遥远的史前，他们曾与我们的祖先密切往来数万年，直到大约4万年才慢慢地

消失，最后灭绝了。2010年，科学家通过尼安德特人的化石，成功获得了他们的基因组序列。与此同时，随着基因技术的进步，复活已经灭绝物种的技术障碍正在被一一攻破。所以，从技术上讲，我们确实有可能克隆出一个尼安德特人。

首先，我们需要将尼安德特人的DNA植入人类的干细胞中，并通过人类代孕母亲来孕育这个尼安德特人胚胎。不过，由于母亲与胚胎之间可能存在不匹配而导致失败。即使能够成功，由于尼安德特人是我们最亲近的亲戚，克隆其基因可能会被视为克隆人类或生殖克隆，在大多数国家，这是非法的。

克隆技术如何助力疾病研究？

在人类疾病研究中，常常使用各种动物作为研究模型，小鼠是最常用的模型之一，通过克隆技术，我们可以创造出更多更接近人类生理结构的人类疾病动物模型。

安吉丽卡·施尼克（Angelika Schnieke）是德国慕尼黑工业大学的畜牧生物技术教授，也是多莉羊项目的关键人物之一。她说："小鼠不是人类，虽然猪也不是人类，但猪的生理结构要比小鼠更接近人类。"近年来，利用克隆技术制作出囊性纤维化、肠癌、糖尿病和心血管疾病等人类疾病的模型猪。这些猪不仅可以用来研究这些疾病，而且还可以用来测试新药、成像技术和治疗方案。

克隆技术也在人造器官和异种器官移植方面起着至关重要的作用。器官短缺一直是限制器官移植的主要问题，而异种移植被认为是解决全球器官短缺的重要途径之一。猪的器官和人类的器官在结构、功能和大小上非常相似，因此猪被认为是最适合用于异种器官移植的动物之一。然而，将猪的器官移植到人体上，有一个很大障碍就是免疫排异反应。免疫系统就像是身体里的"警察"，它会检查和识别所有进入身体的东西，判断它们是不是"朋友"。如果它们是"陌生人"或者"敌人"，免疫系统就会启动攻击，努力将它们排除出去。尽管猪的器官和我们人的器官有很多相似，但也有不同的地方，这些不同让免疫系统判定猪的器官是外来的，从而发动攻击，导致器官无法正常工作。通过修改猪的胚胎细胞并加入一些人类基因，科学家成功克隆出了不容易被人类免疫系统排斥的猪。2022年1月10日，美国马里兰大学成功进行了世界首例猪心脏移植手术，患者术后存活了约两个月。这一突破让我们离常规使用猪器官进行移植的世界又近了一步。

此外，克隆技术还为创造抗病动物提供了新的可能。比如，在2014年，中国科学家通过基因编辑和克隆技术，成功创造了能够抵抗导致乳腺炎的细菌的牛。乳腺炎是一种让乳腺组织疼痛和发炎的疾病，这项研究不仅为养殖业节省了大量开支，还帮助农民避免了数十亿美元的收入损失。类似的方法也可以用来创造抵抗导致"昏睡病"的寄生虫的牛，而昏睡病是撒哈拉以南非洲地区养殖业产量受限的主要因素。

2018年，中国科学院上海神经科学研究所成功克隆了两只雌性长尾猕猴——中中和华华。科学家们希望利用这些克隆猴研究癌症、帕金森病和阿尔茨海默病等疾病的疗法。与其

上图：
黄禹锡（Woo-Suk Hwang）教授在首尔国立大学的实验室里，其助理正在从牛和猪的卵巢中提取卵子。黄禹锡教授在 2004 年和 2005 年声称成功克隆了人类胚胎并提取干细胞，引起全球关注。但在 2006 年，他被曝在研究中伪造数据，还通过不道德手段获得人类卵子。最终，他的研究成果被撤回，个人声誉受损。2009 年，黄禹锡因这些不当行为被韩国法院判刑。

对页图：
世界上首只克隆猴"中中"，和她的妹妹"华华"正在恒温箱里嬉戏。姐姐比妹妹年长 10 天，除了体型大小略有差异，姐妹俩看不出什么区别。

他常用于疾病研究的动物模型（如小鼠）相比，猴子与人类的生理结构更为相似，因此更适合用来作疾病模型动物。事实上，在小鼠身上进行的阿尔茨海默病药物治疗实验，在人体试验都未成功。当然，克隆猴及其他动物的成本和伦理问题依然是一个挑战。

此外，克隆技术还可能对环境产生积极影响。加拿大圭尔夫大学的研究人员利用克隆技术创造了"环保猪"（Enviropig），这种猪体内多了一种酶，能够减少其粪便中的磷。磷是一种在农业中常见的肥料成分，通常用于促进作物的生长。然而，当过多的磷进入水体时，会导致水质污染。过量的磷在水中积累后，会促进水生植物（如藻类）的过度生长，这种现象被称为"水华"。藻类的过度繁殖会消耗水中的氧气，导致水中生物（如鱼类）的死亡，同时还可能释放有害物质，破坏生态系统。因环保猪粪便中的磷减少，从而减少了污染的发生，对生态环境更友好。

能复活猛犸象吗？

韩国、日本和美国分别有三支团队正在尝试复活冰河时期最具有代表性的动物——猛犸象。但它不会完全是原来的猛犸象，而是一只基因中加入了一些猛犸象DNA的大象。它会有长而蓬松的毛发、厚厚的脂肪和能在零下温度下运输氧气的血红蛋白。所以，这将是一只看起来像猛犸象的动物，但实际上它是一只经过基因改造的大象，能够在寒冷的环境中生存。你可以称它为"猛犸大象"。

科学家们还在致力于复活其他动物。早在2003年，欧洲科学家成功复活了比利牛斯山野山羊，这种山羊在几年前已经灭绝。不幸的是，刚出生的小山羊在几分钟后死去，因此比利牛斯山野山羊不仅是第一个从灭绝中复活的动物，还是第一个被灭绝了两次的动物。

此后，科学家们不断改进他们的方法，开发出新的"复活"技术。在澳大利亚，迈克尔·阿彻（Michael Archer）教授和他的同事们正在努力复活胃育蛙，这是一种神奇的动物，能够在它的胃里哺育幼蛙，然后将完全成形的蝌蚪"打嗝"打出来。到目前为止，研究团队已经成功制造出"几乎"能变成蝌蚪的胚胎，但尚未完全成功。接下来的步骤是让这些胚胎变成青蛙，阿彻教授坚信他们会成功的。

你会克隆你的宠物吗？

位于韩国首尔的秀岩生命工学研究所，定期为韩国国家警察局培育克隆狗，甚至还提供克隆宠物狗的服务，价格大约为65 000英镑。

但是，尽管这个克隆狗会看起来像你忠实的朋友，它永远不会是完全相同的。就像同卵双胞胎会发展出不同的个性、身体特征和疾病一样，克隆狗将成长为一只不同的狗。当前的克

隆技术并不可靠，通常需要超过100次尝试才能克隆出一只健康的动物，即便如此，子宫内的环境条件和其他外部因素也可能对最终克隆出来的狗的外貌和个性产生巨大影响。

能复活恐龙吗？

很可惜，侏罗纪公园在现实中是不可能实现的。要克隆恐龙，科学家需要它们的DNA。但DNA会随着时间的推移而分解，一般来说，几百万年后，DNA就完全被分解掉了。恐龙在大约6500万年前就已经灭绝，因此它们的DNA已经永远消失。没有恐龙DNA，就没有恐龙。

上图：
韩国秀岩生命工学研究所克隆斗牛犬。

我们应该允许克隆吗？

支持

德国慕尼黑工业大学畜牧生物技术教授安吉丽卡·施尼克认为，克隆技术对生物医学科学具有巨大的价值："它使我们能够对动物进行精确和可控的改造。"克隆技术的应用几乎是无限的。通过将基因编辑与克隆技术结合，我们应该能够创造出更健康、更耐病的牲畜，这不仅能帮助提高动物的生活质量，减少它们受到疾病的困扰，还能提升农民的收入和牲畜产业的效益。克隆技术还可以为我们提供更准确的人类疾病动物模型，以及可以用于移植的器官。施尼克认为，禁止克隆是不道德的："如果我们可以使用更少的动物进行研究，那是有意义的。"

FOR

动物克隆大事记

| 1894 | 1902 | 1952 | 1962 |

1894年，德国生物学家汉斯·德里施（Hans Driesch）将地中海那不勒斯湾取得的海胆胚胎放在装满水的烧杯中，在其双细胞阶段（即海胆受精卵细胞由1个分裂为2个），轻轻摇晃，让这两个细胞分离开，结果发现这两个细胞最终都发育了两只完全相同的海胆。

1902年，德国科学家汉斯·斯佩曼（Hans Spemann）使用他襁褓中儿子的头发，将一只蝾螈胚胎分成两半，结果培育出两只蝾螈。

1952年，美国科学家罗伯特·布里格斯（Robert Briggs）和托马斯·金（Thomas King）成功进行了核转移实验，从一个蛙卵中取出其细胞核，并将此细胞核移植到另一个已去除原有细胞核的蛙卵细胞中。

1962年，英国科学家约翰·格登将蛙卵中的细胞核移除，并把成年蛙的体细胞的细胞核移植进去。结果这些被替换了细胞核的蛙卵成功发育成了蝌蚪，最后变成青蛙。

英国反转基因组织 GeneWatch 的主任海伦·华莱士 (Helen Wallace) 认为, 多莉羊的诞生是我们与自然世界关系的一个分水岭,"这是将动物仅视为一种物品, 随心所欲地改造它们"。克隆技术的效率仍然很低, 这也是一个值得关注的问题。她表示:"克隆后代往往容易流产或早逝。"华莱士认为, 宠物和牲畜克隆不应该被允许。即使克隆的目的是改善动物和人类健康, 她也认为应该更加严格审查:"尽可能考虑替代方案, 并开发广泛可用的非动物测试方法。"

反对

 1963 **1996** **2001** **2005**

1963 年, 中国胚胎学家童第周采用相同的技术进行鱼类的实验, 可惜他的研究结果最初是用中文发表的, 因此在中国以外并没有受到太多关注。

1996 年, 在克隆多莉羊的过程中, 277 个克隆羊细胞中只有 29 个成功发育成胚胎。移植到代孕母羊子宫后, 只有多莉一个正常出生。

2001 年, 美国得克萨斯农工大学的研究人员, 使用了一只棕白色虎斑猫的细胞, 成功克隆出了一只家猫, 这成为世界上第一只克隆宠物。

美国先进细胞技术公司的科学家首次克隆了一种濒危物种——亚洲野牛。可惜, 这头克隆野牛仅活了两天, 死于痢疾。

2005 年, 韩国科学家黄禹锡使用一只阿富汗猎犬的耳朵细胞, 培育出了世界上第一只克隆狗。

三亲婴儿，迎来曙光了吗？

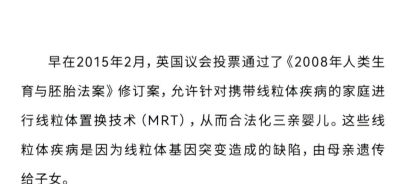

2015年，英国批准线粒体置换技术（MRT）可用于临床，成为第一个正式合法化MRT临床应用并允许三亲婴儿出生的国家。但到目前为止，在绝大多数国家，这项技术仍然受到限制。

早在2015年2月，英国议会投票通过了《2008年人类生育与胚胎法案》修订案，允许针对携带线粒体疾病的家庭进行线粒体置换技术（MRT），从而合法化三亲婴儿。这些线粒体疾病是因为线粒体基因突变造成的缺陷，由母亲遗传给子女。

线粒体是细胞内以囊状形式存在的小型细胞器，通常呈椭圆形或棒状。它是细胞的能量工厂，生成细胞的生物能量

本页图：
线粒体是细胞的"能量工厂"，同时有自己的 DNA。

"货币"——ATP。不同生物不同组织中的线粒体数量差异巨大：红细胞中没有线粒体，而每个肝细胞可能含有多达2000个线粒体。

人类的卵子和大多数细胞一样，线粒体分布在细胞质中；而精子细胞的线粒体则全部集中在尾部。在受精过程中，精子的头部（含核DNA）进入卵子，而精子的尾部——因此也包括线粒体——则被抛弃。这就是为什么我们只会遗传母亲的线粒体DNA的原因。

如果线粒体功能异常，可能会引发多种疾病，而且这些疾病目前都无法治愈。这些疾病通常会影响对能量需求较高的器官，如肾脏、心脏、肝脏、大脑、肌肉和中枢神经系统。线粒体疾病的患者通常活不过婴儿期，不过也有在青少年或成人时期才发病的。据估计，在英国每200个孩子中就有1个携带可能导致线粒体疾病的基因突变，每年约1/6500新生儿在出生时就患有严重的线粒体疾病，他们通常无法长大成人，甚至可能活不过1岁。

"线粒体疾病太可怕了，尤其当你身为父母，却无能无力。"丽兹·柯蒂斯（Liz Curtis）说，她的女儿莉莉因雷氏综合征在8个月大时去世。雷氏综合征是一种非常罕见的亚急性进行性神经系统退行性疾病，是最常见的线粒体疾病之一。目前已知，每4万名活产婴儿中约有1名患此病。尽管莉莉去世时年纪尚小，但其他患病的孩子可能活到

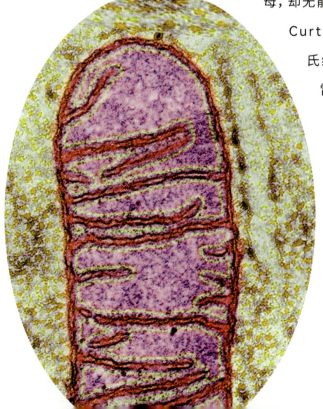

五岁或十岁，然而他们的身体会逐渐衰退。"看着孩子逐渐无法走路、说话、进食，甚至最后都无法微笑，实在太令人心碎了。"柯蒂斯说。为了纪念女儿，她创立了"莉莉基金会"，帮助那些正在与线粒体疾病作斗争的家庭，并资助相关治疗研究——因为那时没有任何治疗手段能够阻止莉莉的死亡。

目前在英国，每年有超过150名孩子出生时就患有严重的线粒体疾病，而他们自己或家庭往往浑然不知。新的研究显示，线粒体异常可能与老年性疾病（如前列腺癌和阿尔茨海默病）有关。和大多数父母一样，柯蒂斯当时并不知道自己携带有缺陷的基因。"我从未听说过线粒体疾病，我的家人也没有。它完全是个意外。"她说。

像柯蒂斯这样的父母之所以能够携带线粒体突变而自己没有表现出症状，主要是因为线粒体的"异质性"。

尽管人体内每个非生殖细胞的细胞核DNA都是相同的，但线粒体DNA却不同。当细胞分裂时，它的染色体会被复制，每个子细胞会接收到相同的染色体。然而，小小的线粒体——记住，每个细胞中可能有多达2000个线粒体——会随机地分配到两个子细胞中。哪个细胞获得哪些线粒体及其DNA，是随机的。这也是为什么一个家庭中的一个兄弟姐妹可能会遗传线粒体疾病，而另一个则不会，以及为什么母亲可能在不知情的情况下携带有致病基因。

上图：
阿拉娜·萨里宁（Alana Saarinen）是通过 MRT 出生的。美国 FDA 在 2001 年禁止了这项技术。

因此，可能导致疾病的基因突变在不同的细胞中是随机且分布不均的。导致疾病的线粒体突变不仅在个体之间有差异，而且在一个人不同的组织类型中也会有差异。任何细胞中的突变基因都需要达到某个"阈值"，才能表现出疾病症状。

改变的胚胎

2015年初，英国合法化了MRT的临床应用，允许母亲生下一个基因上属于她自己的婴儿，但婴儿不会遗传到母亲携带的有危险突变的线粒体基因。如果准妈妈携带有缺陷的线粒体，可以从她的卵子中提取出核DNA，并将她的核DNA植入一颗有健康线粒体且核DNA已被移除的捐赠卵子中。然后，卵子与父亲的精子受精，受精卵再被植入母亲的子宫内，继续正常怀孕。

根据英国纽卡斯尔大学威康信托基金会线粒体研究中心研究估计：英国有2473名女性有可能将线粒体疾病遗传给孩子，因此她们可能会从这一治疗中受益。

"我非常高兴法律发生了改变。知道家庭可以拥有自己的孩子，而孩子不会患病，这让我感到非常有成就感。"柯蒂斯说。

一个爹两个妈？

采用MRT诞生的婴儿常被媒体标上"一个爹两个妈"，因为他们的基因来自三个人——尽管捐赠卵子的只贡献了37个基因，而来自母亲的基因则有2万多个。

英国伦敦大学学院儿童健康研究所儿科代谢医学教授莎米玛·拉曼（Shamima Rahman）从事线粒体疾病的研究已有20年，她表示："'一个爹两个妈'这种说法让人挺遗憾的。我们面对的是一系列没人真正了解的疾病，更不用说如何治疗

MRT 是如何工作的？

MRT 有几种方法，以下是其中两种。

············· **纺锤体移植** ·············

1. 准备两个卵子，一个来自有线粒体DNA缺陷的准妈妈，另一个来自具有健康线粒体的捐赠者。分别取出这两个卵子的细胞核DNA。丢弃母亲的去核卵细胞。丢弃捐赠者的细胞核DNA。

2. 将母亲卵子的细胞核DNA移植到已除去细胞核DNA的捐赠者卵子中，获得重组卵子。

3. 用父亲的精子使重组卵子受精——重组卵子包含母亲的细胞核DNA，然后受精卵发育成胚胎。

4. 将胚胎植入母亲子宫中。胚胎中含有三位父母的DNA：捐赠者线粒体DNA以及来自父母双方的DNA。

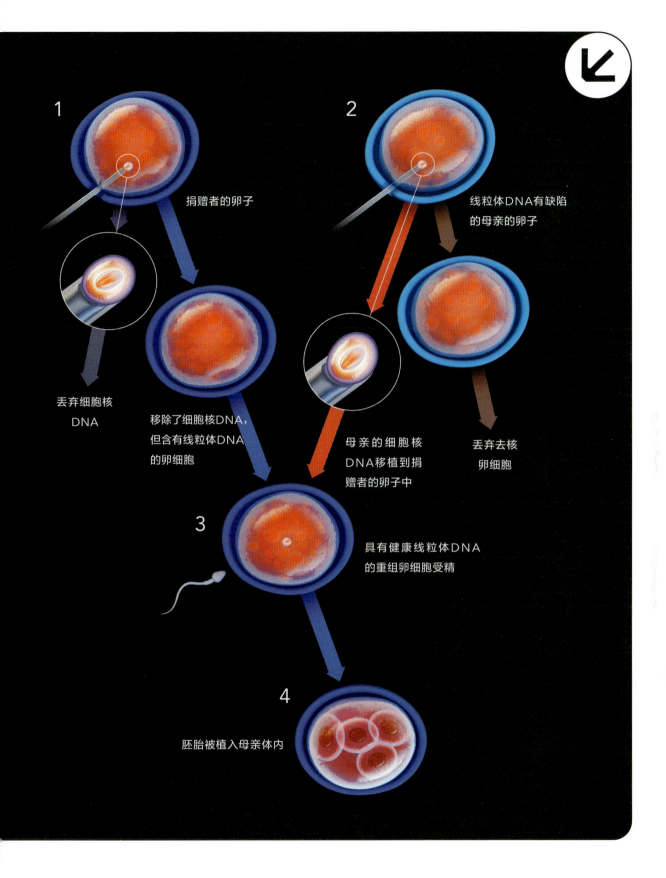

1 捐赠者的卵子

丢弃细胞核
DNA

移除了细胞核DNA，
但含有线粒体DNA
的卵细胞

2 线粒体DNA有缺陷
的母亲的卵子

母亲的细胞核
DNA移植到捐
赠者的卵子中

丢弃去核
卵细胞

3 具有健康线粒体DNA
的重组卵细胞受精

4 胚胎被植入母亲体内

原核移植

1 准备两个卵子,一个来自有线粒体DNA缺陷的准妈妈,另一个来自具有健康线粒体的捐赠者。用父亲的精子分别与这两个卵子受精。

2 分别取出两个卵子的原核——受精是一个复杂的过程,精子和卵子结合后,会分别形成"精子原核"和"卵子原核"。这两个原核随后融合在一起,标志着受精成功。丢弃母亲的去核卵细胞。丢弃捐赠者卵子的原核。

3 将母亲和父亲的原核移植到捐赠者的卵子中,这个卵子已经含有健康的线粒体。

4 将胚胎植入母亲子宫中。胚胎中含有三位父母的DNA:捐赠者线粒体DNA以及来自父母双方的DNA。

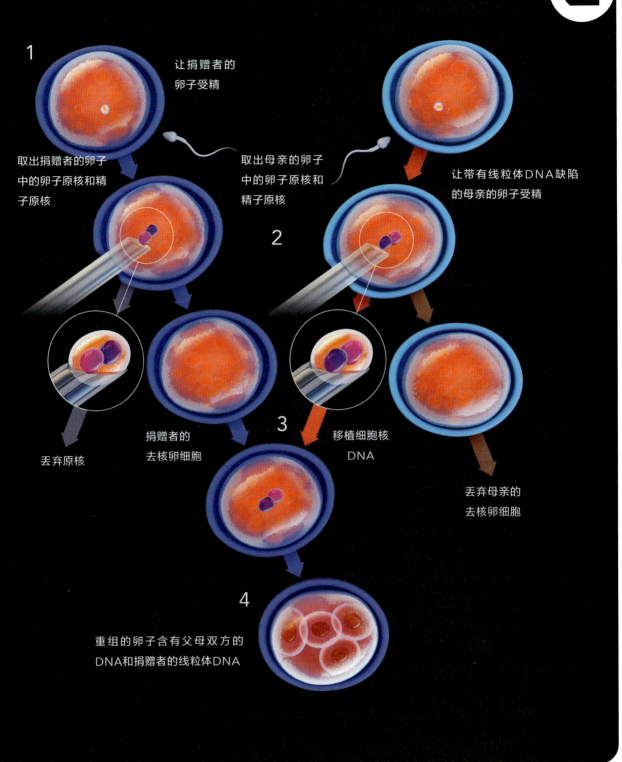

1

让捐赠者的
卵子受精

取出捐赠者的卵子
中的卵子原核和精
子原核

取出母亲的卵子
中的卵子原核和
精子原核

让带有线粒体DNA缺陷
的母亲的卵子受精

2

丢弃原核

捐赠者的
去核卵细胞

3

移植细胞核
DNA

丢弃母亲的
去核卵细胞

4

重组的卵子含有父母双方的
DNA和捐赠者的线粒体DNA

了。线粒体疾病会残忍地摧毁患者的身体，蚕食他们的生命，最终无情地夺走一切。而父母眼睁睁地看着却无能为力，心也会被撕裂。"

"一个爹两个妈"，不仅哗众取宠，还在多个方面造成误导。首先，女性线粒体捐赠者在孩子的成长过程中并不会发挥任何作用。其次，线粒体中携带的基因（37个基因与细胞核中的2万多个基因相比）微不足道，仅占整个基因的0.1%。而且，事实上，在MRT技术之前，带有三位父母DNA的孩子早就出生了。

研究发现代孕母亲在怀孕期间，可能会将自己体内的一些微量线粒体DNA传递给她所代怀的宝宝。同时，在20世纪90年代末，使用"卵胞质移植"技术（通过将年轻捐赠者的卵细胞质注入进行生育治疗的女性卵子中，以增强卵子的生命力）受孕的孩子，后来也发现携带了来自捐赠者的线粒体DNA。卵胞质移植是在女性的卵子中注入来自年轻卵子的细胞质（卵胞质），以提高卵子的健康状况。使用这个技术出生的小孩，有些至今也很健康。然后2001年，美国FDA暂停了"卵胞质移植"技术，至今也未批准MRT的临床运用。

当然，MRT与代孕和卵胞质移植有一个明显的区别：它明确是要创造出拥有三个人的DNA的孩子。因此，故意改变孩子可遗传物质DNA的做法本身就显得令人不安。与药物治疗不同，基因的改变是永久性的。美国《纽约时报》（*The New York Times*）在2014年的一篇社论中引用了美国遗传学与社会中心执行主任马西·达诺夫斯基（Marcy Darnovsky）的话，称这种人为地基因修改婴儿的做法是"一步危险的举动"，是"一项极端的手术"。这自然引发了人们对线粒体捐赠可能导致"定制婴儿"的担忧，尽管人的个性、外貌、身高等都是由细胞核DNA决定的，与线粒体基因无关。来自美国内布拉斯加州的共和党议员杰夫·福滕贝里（Jeff Fortenberry）甚至将其称为"一种可怕的优生克隆形式"。

抛开下意识的反应不说，对于MRT，我们的确需要保持谨慎。越来越多的研究表明，线粒体不单单是细胞的"电池"，还会影响神经信号传递的速度，也在肝脏中将对身体有毒的氨转化为无毒的物质，以及在程序性细胞死亡中发挥了重要作用。此外，遗传信息不断在细胞核与线粒体之间传递。这意味着，将线粒体从一名女性转移到另一名女性，可能会带来意想不到的后果。

然而，实际上，对于MRT最令人痛苦的是：它只会对少数携带线粒体疾病的家庭有效。我们现在知道，细胞核DNA中可能有1000个——甚至是1500个基因编码着制造线粒体所需的蛋白质。这些基因也可能出现问题。可能只有四分之一的线粒体疾病是由线粒体自身的基因引起的。苏尔塔娜·拉曼博士表示："早在20多年前，我们就已经知道，大多数患有线粒体疾病的孩子其线粒体DNA并没有发生突变。"

换句话说，四分之三的携带线粒体疾病的家庭将无法使用MRT来保护他们的孩子。不过，英国人类生育与胚胎学管理局（HFEA）对MRT进行了三次科学评审后，认为该项技术是安全的。

2015年2月，英国卫生部国会议员简·埃利森（Jane Ellison）在下议院表示："英国国会的这项决定相当大胆，不

上图：
MRT是否能够像IVF一样，变得广泛被接受并成为常见的医疗技术？

过，这是经过了充分了解并深思熟虑之后的决定。这是世界领先的科学技术，且有严格的监管机制，对于受影响的家庭来说，这是黑暗隧道尽头的那一束光。"

1978年7月25日，全球首位试管婴儿路易丝·布朗（Louise Brown）诞生，这是采用体外受精技术（IVF）。如今她已经四十多岁，仍然健康地活着，并育有2位子女。其实在当年，众人也担心制造出"怪物宝宝"来，也质疑不应该去"扮演上帝"。然而，今天，根据国际辅助生殖医学和胚胎学协会（ICMART）估计，到2024年，全球已有1200万孩子通过试管婴儿出生，现在美国每年的新生儿中，试管婴儿占比为2%。人们都接受了体外受精技术是一种常规治疗，并改变许多家庭的生活。

那MRT呢？它是否能跟随IVF的步伐呢？2016年，来自美国纽约新希望生殖中心的华人医学博士张进和他的团队在墨西哥为一名携带线粒体突变的女性实施了相关治疗，世界上首例基于MRT的三亲婴儿由此诞生。乌克兰基辅的生殖科医生瓦列里·祖金（Valery Zukin）表示，自2017年5月以来，他和他的团队已使用MRT成功实现7例新生儿分娩，还有3名胎儿正在孕育中。2023年，英国人类受精与胚胎学管理局证实，英国首批三亲婴儿已经诞生，婴儿数量少于5名。

尽管MRT能够帮助有线粒体缺陷的女性生下不携带致病基因的后代，已经在一些国家合法开展，但我们对它的风险仍然知之甚少。目前，在世界上大多数国家，这项技术仍然受到限制。2023年1月，西班牙一家名为胚胎技术（Embryotools）的公司称，他们将进行一项临床试验来对这种方法的安全性进行验证。试验计划招募25人，这已经是迄今为止规模最大的MRT试验，由于西班牙不允许开展MRT，因此将在位于雅典的生命研究所进行。该临床试验除了考察MRT在早期阶段的安全性之外，还会对MRT儿童的长期身体健康情况进行考察。他们将与希腊的一家儿科医院合作，来监测其研究中出生的所有婴儿的健康状况直到年满18岁。该公司还在尝试建立一种登记册，追踪记录每个通过MRT出生的孩子一生的健康状况数据，并与自然孕育的婴儿对比。出于法律和道德原因，传统的试管婴儿从未建立这样的数据库。

无论我们如何担心、争论，基因相关技术已不可阻挡地进入加速发展阶段。设置严格的法律和伦理框架确保技术的正当使用，变得益发迫切。因为越是"威力无穷"的技术进步，越是需要人类建立强大的伦理体系与之抗衡。技术无情，而人类要通过技术抵达的，终究是一个多元多样、生机勃勃的有情世界。

出生前治疗 ←

输血治疗

自1989年起，科学家们成功开展了胎儿输血手术。这项手术通过脐带，将来自健康捐献者的血液直接注入正在发育的胎儿体内。它通常用于治疗一些严重的免疫系统疾病，如裸淋巴细胞综合征和重症联合免疫缺陷症（SCID）。患有SCID的孩子出生时免疫系统不完整，即使是最轻微的细菌也无法抵抗。他们通常都要生活在无菌的环境中。由于这种疾病的患者大多数是男性，因此此病又被称为"泡泡男孩综合征"。

干细胞移植

通常，输血治疗会在疾病症状出现后才进行，帮助患者恢复健康。但为了更早地治疗一些遗传性疾病，比如SCID和镰状细胞贫血，科学家们正在尝试通过向胎儿注射健康的干细胞来进行治疗。虽然这种方法还没有在人类身上进行过试验，但在动物实验中，结果非常令人鼓舞。这些研究有可能为将来在出生前就能治疗这些疾病带来新的希望。

产前基因治疗

基因治疗是一种使用改造过的病毒，将健康基因送入患者细胞的技术。这项技术用来治疗某些成人和儿童疾病已超过 20 年。但对于像囊性纤维化这样的疾病，往往在孩子出生之前，器官就已经开始受损。为了改变这种情况，研究人员正在探索通过在子宫内直接对胎儿进行基因治疗，提前防止这些损害的发生。小鼠、猴子和羊的实验已经取得了显著的成功，未来这项技术可能为未出生的宝宝带来更好的健康保护。

胎儿"启动"

科学家们正在研究通过移植蛋白质来"启动"胎儿的免疫系统，而不是直接使用基因或完整的细胞。这种方法灵感来源于血友病的治疗，血友病患者通常通过注射凝血蛋白来帮助血液凝固，但大约五分之一的患者会排斥这些外来的蛋白质。研究发现，如果在胎鼠的脐带中注射这些蛋白质，可以提前激活免疫系统，帮助小鼠在出生后更容易接受移植。这项研究为未来治疗免疫系统相关疾病提供了新的可能性，也为我们探索更早期的治疗方法提供了希望。

转基因食品，你敢吃吗？

转基因食品已经存在40多年，但它仍然饱受争议。那么，这些食品到底安全吗？你敢吃吗？

美国迈阿密在大多数人的印象中，要么是阳光明媚的度假胜地，要么是美剧中犯罪故事的常见发生地。但在1983年，这座城市因为一个重大的科学突破而被铭记——在那里，科学家首次成功将特定基因引入植物细胞，并培育出仅改变一个特性的新植株。这标志着转基因农业的诞生，一种新的育种方式的诞生——转基因育种技术。

转基因育种和传统育种

那么，转基因育种技术和传统育种技术有什么区别呢？

在本质上一脉相承，两者的本质都是通过改变基因及其组成获得优良性状。伴随着千百年来自然物种的进化与人类科技的进步，世界农业育种经历了原始驯化选育、杂交育种、转基因育种。

其实，我们今天种植的大部分农作物都不是天然的，而是经过人类长期选择和培育的结果。大约1万年前的新石器时代，人类开始了最早的植物育种工作。那时候，虽然没有科学的育种理论和方法，但人们通过观察和经验，挑选出那些长得特别好、能提供更多食物的植物，然后不断地培育它们。例如，玉米，最早是从一种叫作"野玉米"（teosinte）的植物变种而来的。几千年前，生活在今天墨西哥南部的古人类发现，某些野玉米植物的性状（比如更大的果实）比较好，于是他们开始挑选这些植物进行繁殖与培育，这种植物变成了今天我们熟悉的玉米。在这个过程中，人类不知不觉中改变了玉米的基因，使它们变得更适合人类食用。

20世纪以来，遗传理论的突破实现了基因资源的种内转移，以矮秆、杂种优势利用为代表的杂交育种技术掀起了一场

上图：
现代玉米（右）的祖先是一种名为"teosinte"的野草（左）。

对页图：
"野玉米"的绘制图。

"绿色革命"，粮食产量大幅度提高，美国的杂交玉米、墨西哥的矮秆小麦、我国的杂交稻和远缘杂交小麦都取得了划时代的成就。杂交育种就是将分布于不同品种中好基因集合起来，把坏基因去除，进而形成一个更好的品种，这个过程需要多次的杂交，耗费大量的时间才能成功。

但是，杂交育种的过程充满不确定性，杂交后代的特征不可预测，育种的成功与否往往全靠运气，通常需要数年时间甚至数十年才能培育出符合要求的新品种。

然而，从1983年以后，这一局面彻底改变了。科学家可以使遗传物质DNA在动物、植物、细菌之间进行相互转移，重新组合。根据人的意志去改造植物的遗传性状，培育出自然中不能有的植物新品种。从那时起，以孟山都公司（孟山都是1901年在美国成立的农业公司，2018年，被德国化工公司拜耳收购。）为代表的农业公司开始竞相使用这一新技术，开发新的作物品种。最初，它们的目标是那些能够带来巨大经济效益的作物，比如能抵抗除草剂或害虫的转基因植物。

该公司最先研发的两种主要产品：一种是能耐除草剂的植物，尤其是能耐广谱除草剂草甘膦的作物，这样农民就能杀死杂草，而不伤害到农作物；另一种是通过转入来自土壤细菌苏云金芽孢杆菌（Bt）的毒素基因，使作物具备抗某些害虫的能力。这些技术背后的策略可以说是一场革命。第二次世界大战后，农业研究主要集中在研发新型除草剂和杀虫剂上，而现在，科学家们通过修改植物的基因就能达到同样的效果，而不再需要发明新的化学品喷洒作物。

转基因作物产业化现状

1996年，第一批转基因作物进入美国市场，并迅速获得了广泛应用，这一年被认为是转基因作物商业化种植元年。2023年，全球转基因作物种植面积比上年增长1.9%，达到2.063亿公顷（30.9亿亩），比1996年增长了118倍，创下历史新高。美国、巴西、阿根廷、印度和加拿大是全球前五大转基因作物种植国，占全球转基因作物种植面积的91%。全球批准商业化种植的转基因作物已增加至32种。其中，大豆、玉米和棉花是最主要的转基因作物，分别占全球转基因作物种植面积的72.4%、34%和76%。

美国转基因商业化一直走在世界前列，转基因作物种植面积位居全球第一。到2023年，美国已经批准了22种转基因作物产业化，常年种植转基因作物约11亿亩，占其耕地面积的40%以上。美国玉米、大豆、棉花的转基因品种普及率分别为93，95%和97%，油菜、甜菜几乎是100%。然而，欧洲国家对转基因作物的态度则截然不同。2023年，欧洲转基因种植面积仅为4.8066公顷，主要集中在西班牙和葡萄牙。同时两者对转基因监控政策也不相同：美国采取"实质等同"原则，侧重监管最终产品；欧盟则采用"预防原则"，严格管控转基因作物种植。

那么，为什么差异这么大呢？主要原因在于转基因种子的供应和需求的差异。首先，欧洲的种植作物种类与美国不同，特别是大豆的种植量较少。更为重要的是，欧美在对转基因作物以及由其衍生的食品态度上存在差异。在美国，农业主要集

对页图：

玉米螟是全球范围内的农业大害虫，其幼虫常常啃食作物的叶片，具有强大的破坏力。转入 Bt 基因的转基因花生（下图），其叶片能产生 Bt 毒素，从而有效保护花生免受玉米螟幼虫的侵害。相比之下，天然花生叶片（上图）则受到玉米螟幼虫的危害。

中在远离人口密集区的地方，那里的居民普遍接受政府对转基因作物的政策。

然而在欧洲，人们通常生活在离农业区域较近的地方，对农业活动的关注度更高。欧洲的许多国家，民众对政府以及与转基因相关的法规存在更大的不信任感，虽然这些观点并非在整个欧洲普遍存在。由于这种差异，再加上欧盟成员国之间复杂的政治局势，因而很少有转基因作物被批准用于种植。这也导致了转基因产业在欧洲的商业投资撤出，转向美国或东南亚。这种趋势加速了农业商业化整合的速度，这一问题引发了许多人对农业商业垄断的担忧，他们认为这不仅会影响公平竞争，还可能威胁到发展中国家的生计。

转基因食品安全吗？

除了有人担心转基因作物可能会集中，造成少数公司垄断之外，还有一些人对转基因作物的食品安全和环境安全提出了批评。那么，这些担忧有科学依据吗？

首先，我们可以了解一下我们所吃的农作物的来源。很多我们现在种植的农作物，实际上是它们野生祖先的基因突变产物。这些突变早在1万到2万年前就已经发生，当时人类开始从狩猎采集转向农业种植。这些基因突变带来了很多特征的变化。例如，野生番茄的果实通常比我们现在吃的番茄小得多。同样，野生土豆中含有大量的"龙葵素"，这是一种有毒物质，这种物质能够保护它们不被昆虫吃掉。那么，我们现在采用的抗虫基因的转基因作物，虫子也不吃，人为什么能吃呢？Bt蛋白来源于苏云金芽孢杆菌，70多年来一直作为安全的生物杀虫剂在农业生产上持续应用。通过转基因技术将Bt基因转入作物后，抗虫转基因作物自身就能产生Bt蛋白，内生Bt蛋白杀虫效果更好更稳定，而且高度专一，只与特定害虫肠道上

皮细胞的特异性受体结合，使害虫死亡。人类、畜禽和其他昆虫肠道细胞没有该蛋白的结合位点，吃了安然无恙。

最近，通过对农作物DNA的测序，科学家得到了更多关于这些进化过程的有趣发现。现在我们知道，生物的基因组在不断变化，有的基因会被获得，也有的基因会丢失。而这些基因的获得往往来自其他物种，这是"基因水平转移"的过程。例如，人类体内就有大约50个基因是从其他生物中转移来的，包括27个来自各种病毒的基因。因此，我们不应该认为生物的基因组是固定不变的，它们会随着时间的推移而发生变化。

那么，这些基因的变化，无论是自然发生的还是人类推动的，是否会对食品安全产生影响呢？其实，无论是转基因作物还是传统作物，它们的DNA和蛋白质都是由相同的化学成分构成。人类吃转基因食品，和吃其他食品的方式一样，都是将食物中的营养成分分解和重组，最终转化为我们身体所需的物质。过去几十年里，全球没有发现任何因为食用转基因食品而造成的健康问题，无论是新鲜的水果（如转基因木瓜），还是由转基因玉米、大豆、甜菜或油菜等加工而成的产品。

事实上，全球食品安全的主要问题是由食物污染引起的食源性疾病，主要是细菌（如沙门氏菌和大肠杆菌）、病毒、寄生虫、毒素和化学物质引发的。2015年，世界卫生组织首次发布了全球食源性疾病的估计，显示全球每年大约有1/10的人因食用被污染的食物而生病，42万人因此死亡，这还带来了巨大的经济损失。例如，德国2011年的大肠杆菌疫情，导致50人死亡，源自食用有机豆芽的污染，给农民和相关行业带来了13亿美元的损失，并为欧盟22个成员国支付了2.36亿美元的紧急援助。

有些人担心转基因作物将基因传播给野生"亲戚"，造成"基因污染"，这种污染被认为是不可逆的，可能会威胁到物

对页图：
几个世纪以来，人们一直在对作物选择性育种：胡萝卜曾经是紫色的，但通过育种变成了我们现在熟悉的橙色——传统的育种技术也会改变作物的基因。

种的多样性或生态稳定。虽然有研究发现，转基因作物的抗除草剂基因可以通过花粉传给野生亲戚，但这并没有造成环境问题。而且，种植作物和野生亲戚之间的授粉是非常偶然的，频率也很低。

在许多发达国家以及许多发展中国家，都有政府的法规来管理转基因作物的进口和种植，并规定是否需要标注这些食品是转基因食品。在欧盟，监管的重点是转基因生物的生产过程；而在美国、加拿大，法规更侧重于转基因产品本身，而不是生产过程。许多科学家认为，监管的重点应该放在产品上，而不是生产过程上，因为这种方法能够适应近年来新出现的各种育种技术。

事实上，为了更好地规范转基因技术的发展和应用，同时有效预防其可能带来的安全隐患或负面影响，国际食品法典委员会于1997年成立了生物技术食品政府间特别工作组，并制定了转基因生物评价的风险分析原则和转基因食品安全评价指南。该指南成为全球公认的食品安全标准和世贸组织裁决国际贸易争端的依据。转基因食品入市前都要通过严格的毒性、致敏性、致畸性等安全评价和审批程序。世界卫生组织以及联合国粮农组织认为：凡是通过安全评价上市的转基因食品，与传统食品一样安全，可以放心食用。迄今为止，转基因食品商业化以来，没有发生过一起经过证实的食用安全问题。

转基因食品与未来

在欧洲，存在一个比较矛盾的情况：虽然用于种植转基因作物的耕地面积非常小，但大约90%的进口大豆——它是动

上图：
一名反对转基因人士正在布鲁塞尔欧盟总部外抗议。

对页图：
欧洲的奶牛常常以转基因大豆为饲料，这意味着当人们吃牛肉或喝牛奶时，他们间接（可能毫不知情地）摄入了转基因食品。

物饲料的主要成分——来自转基因。这意味着，欧盟人民间接消费了大量转基因食品，因为许多动物食用了进口的转基因饲料。这些吃了转基因饲料的动物所产的肉、奶和蛋在英国等地销售，但并不需要标明含有转基因成分。与此不同的是，直接供人类食用的产品则需要标明是否含有转基因成分。

几项经济研究表明，如果从食品链中剔除转基因作物，将会产生显著的影响。2016年美国普渡大学进行的一项研究发现，如果去除转基因作物，作物产量会下降，商品价格会上涨，玉米价格上涨高达28%，大豆价格上涨22%。

2015年，美国北卡罗来纳州立大学进行的类似研究发现，如果美国有人想转向无转基因饮食，那么直接逐项对比，非转基因食品的价格平均比转基因食品高出33%。按每盎司计算，非转基因食品的价格平均高出73%。如果将此推广到美国家庭的典型食品消费篮子，选择非转基因食品，将使家庭的平均食品预算每年从9462美元增加到12 181美元。

那么，随着转基因技术逐渐蓬勃发展，转基因食物的未来是什么样的？它会很快消失吗？还是会继续发展，帮助养活未来的数百亿人？根据客观证据，全球绝大多数科学家认为这项技术是安全的，同时也承认一些团体可能出于社会、经济或伦理原因反对它。无论如何，研究仍在快速进行中。现在不仅出现了许多新型转基因作物和基因编辑作物，还有少数转基因动物性食品。

多性状的转基因作物是发展趋势。为了满

足市场对高产、优质、抗病、抗虫等复合性状的要求，培育同时携带多种转基因性状的转基因植物成为现在的发展趋势。例如，苹果的果肉接触到氧气时，氧气与多酚氧化酶发生化学反应，导致果肉变成棕褐色。褐化会对苹果产业造成麻烦，除了影响卖相，还会降低苹果品质。用基因技术改造苹果的DNA，使它产生较少的多酚氧化酶。这种苹果在切片后可以保持三周不褐化，降低了运输及加工生产成本，在2015年时获得了美国农业部的批准。2017年2月，转基因苹果（商品名：北极苹果）已在美国上市。除了不变色的苹果，还有不变色的土豆——辛普洛特转基因土豆。辛普洛特转基因土豆除了抗氧化，切开后不易变黑，可以长时间存放，还可以抗晚疫病、抗寒。晚疫病是一种真菌病害，该病严重发生时会导致土豆霉变腐烂甚至绝收，被称为土豆"瘟疫"，是土豆种植者面临的主要问题。抗寒增强了低温存储能力，可在较低的温度（0～4℃）下存储更长的时间，从而避免浪费。

随着基因技术的不断进步，利用新生物技术培育转基因作物已成为发展趋势。与传统转基因作物不同，基因编辑技术，如CRISPR，能够直接修改生物的基因，而不需要引入外源DNA。CRISPR最初于1987年在大肠杆菌中发现。后来研究确认，CRISPR是细菌用来防御病毒的一种机制：当病毒入侵时，细胞会将病毒的基因信息"记住"，并保存在CRISPR序列中，以便下次识别和消灭病毒。2012年，科学家发现可以利用这种机制编辑

下图：
科学家可以利用基因编辑技术，而不是依赖选择性育种，来创造具有特定特征的作物。

DNA，从而定向修改植物或动物的基因。2016年，一种使用CRISPR技术基因编辑的蘑菇在美国上市，而美国农业部并没有将其视为转基因作物进行管制。2018年，美国农业部发表声明，表示不会对基因编辑作物进行额外监管。然而，同年，欧洲法院裁定，基因编辑作物应视为转基因作物，原则上需要遵守欧盟的转基因法律。这个裁定遭到了多方面的批评和质疑，认为这将进一步减缓欧洲农业的创新步伐。2024年2月7日，欧盟通过了新的基因编辑法案，放宽了对基因编辑作物的监管。

现在的转基因食品不仅有转基因植物还有转基因动物。2015年11月19日，美国FDA批准一种快速生长的转基因三文鱼上市。这是首款被批准的转基因动物性食品，人类从过去的吃转基因植物性食品"进化"到吃转基因动物性食品。2020年12月，美国FDA又批准了一种转基因猪用于食品和医疗产品。这种猪经过基因工程修改，去除了猪细胞表面的α-半乳糖。这一修改使得患有α-半乳糖综合征的人可以安全食用这种猪肉，因为这种疾病通常会导致患者对红肉（如牛肉、猪肉和羊肉）中的α-半乳糖产生过敏反应。2022年3月，美国FDA批准了首个基因编辑肉牛产品的上市。利用CRISPR技术，改变了牛的基因，使其拥有短而光滑的皮毛，从而帮助牛更好地适应高温天气。这样，牛在没有高温压力的情况下，能更容易增加体重，进而提高产肉量。

无论你如何看待转基因食品，未来，它们可能会越来越多地出现在我们的餐桌上，成为人类饮食的一部分。转基因食品将为我们应对全球资源紧张和环境压力做出贡献，帮助我们更好地应对未来的挑战。

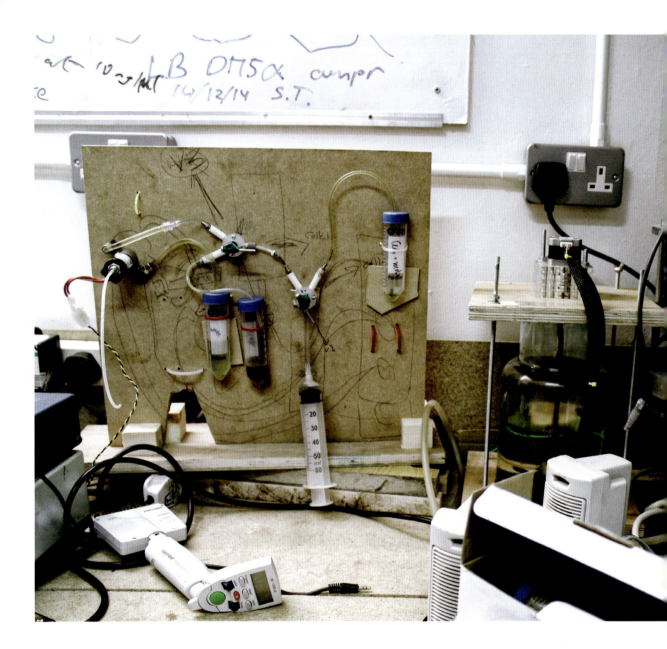

生物
黑客们,
在做什么?

有些人将改造 DNA 当作一种自己的业余爱好。他们是谁?他们在做什么?

虽然"黑客"(hacker)一词通常让我们想到那些破坏东西的人(其实应该被称为"破坏者"),但英文中,黑客这一词更准确的定义是指那些创造或改造事物的人,其实是那些喜欢动手研究技术的人。生物黑客(biohacker)就是这样一群喜欢研究生物技术,并且通过它来进行实验和创作的人。他们是"自己动手生物学"(Do-It-Yourself Biology, DIY生物学)的实践者,利用业余时间聚在一起探索和学习生物学,尝试做一些有趣的生物实验。

DIYbio团体于2008年成立于美国,由一些热爱生物学,但不是专业的生物学家的业余爱好者组成。该团体由志愿者管理,大家通过支付少量月费来共同承担实验室的运营和物资开支。这样,每个人都能以不贵的价格,进入实验室,动手做

上图:
洗涤细胞的原型机,该装置用于去除盐分,使细菌能够接受新的DNA。

实验，满足自己对生物学的好奇心。

　　2010年，生物黑客实验室的数量还很少。但根据DIYbio团体网站的数据显示，到2024年底，全球已有超过100个本地生物黑客团体。2015年，英国健康与安全执行局（HSE）将位于伦敦的Biohackspace，注册为"GM Centre 3266"——这是英国首个允许任何人尝试基因工程的实验室。

　　这些团体在成立之初，通常规模很小，也被称为"车库生物学"，和计算机早期发展时一样，像史蒂夫·乔布斯（Steve Jobs）、史蒂夫·沃兹尼亚克（Steve Wozniak）和比尔·盖茨（Bill Gates）等人，在自家后院的车库里开发操作系统一样。如今，这些团队也逐渐发展壮大起来了。美国加利福尼亚的BioCurious就是其中的一个佼佼者，他们将DIY生物学引入了硅谷。

BioCurious自2009年成立以后来，吸引了从创业者到高中生的各类人群，大家都可以在这里进行生物学项目的开发和实验，平均每月增加两到三名成员，现在的成员有人类学家、物理学家和软件工程师等。

　　BioCurious有一个研究是关于生物发光的，后来发展为"发光植物"项目，并筹集到了48.5万美元的资金。"发光植物"项目的前首席科学家凯尔·泰勒（Kyle Taylor）博士现在在BioCurious负责"植物研究"小组，该小组有15名成员，正在进行6个不同的项目。

　　英国Biohackspace的一项合作项目是"康普茶膜"。康普茶，也称红茶菌、茶菌或蘑菇茶，是将细菌和酵母加入糖和茶中，发酵而成的一种甜味碳酸饮料。如今，这款茶饮在欧

上图：
Biohackspace 实验室成员正在讨论未来计划。

对页图：
未干燥的康普茶膜是一种黏稠、富有弹性的物质。

剖生命体以研究其内在构造的办法不同，合成生物学的研究方向完全是相反的，它是从最基本的要素开始一步步地建立零部件，通过"工程"的方式，重新设计这些生物体，如同给生物编程一样，重新设计生命。要实现这些设计，就需要一整套工具，而在分子生物学中，目前最强大的新技术就是CRISPR。与大多数基因编辑技术不同，CRISPR的革命性在于它的精确性、效率、低成本和易用性——如此简单，甚至业余爱好者也能使用它。

保持谨慎

任何试图改变自然界的人都会面临"扮演上帝"的质疑。即使是专业科学家在进行基因修改时，也常常面临公众的担忧，更不用说那些没有专业背景的业余爱好者在修改生物体时可能带来的风险了。

不过，即使使用了像CRISPR这样强大的工具，我们也不应该高估生物黑客们的能力。正如英国伦敦大学学院的合成生物学家达伦·内斯贝斯（Darren Nesbeth）博士所解释的："CRISPR只是一个工具——你仍然需要知道你想要开启或关闭哪些基因。想要设计细胞，对相关知识的理解和掌握才是最大挑战。"

而且，生物黑客的实验往往受限于DIY生物实验室的资源。比如一些必要的试剂和酶可能价格昂贵，而且生产CRISPR序列的公司通常会采取措施，确保它们不会提供可能被滥用的基因材料。正如BioCurious的执行董事玛丽亚·查韦斯（Maria Chavez）所说："没人会卖给你用来制造埃博拉病毒的基因。你不能轻易获取这些基因。"

对生物黑客的担忧，和人们对于转基因的讨论有些相似，大多围绕一些假设性议题，比如基因污染，或恐怖分子利用这些技术制造武器。然而，DIY生物团体对这些问题十分重视，而且各国的监管部门也十分重视，例如，在美国，联邦调查局（FBI）和国防部，会与这些实验室保持联系，甚至定期派人检查这些地方。查韦斯提道："他们一开始来得很频繁，正式的检查，一月一次。而非正式的检查，我都数不过来了。"

DIY生物团体还会为成员的实验设立规则和指导方针，确保大家遵循安全操作。内斯贝斯说："他们有一套框架，就像大学里的规定一样，帮助大家安全地进行实验。"

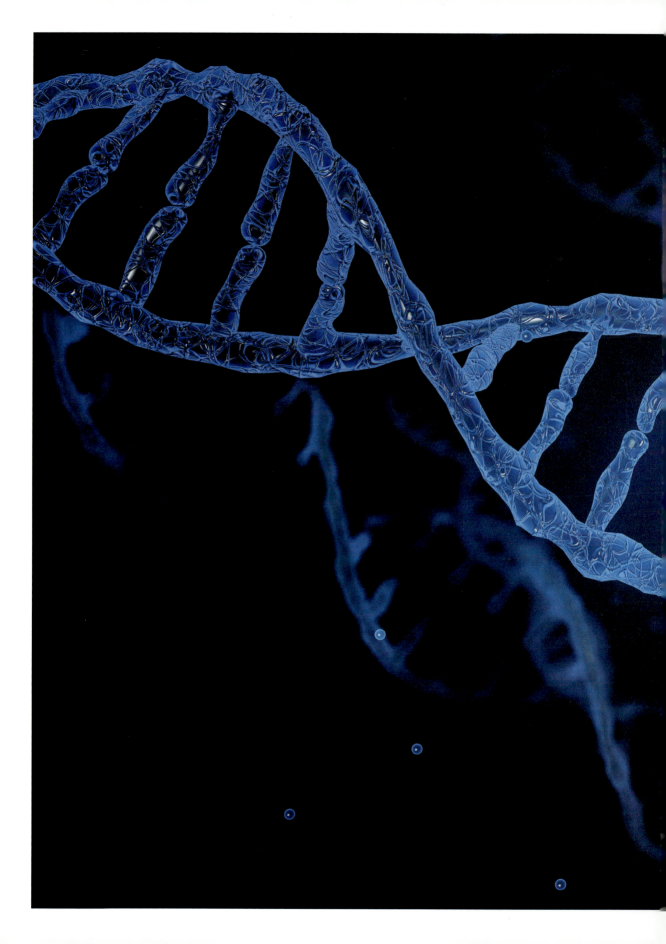

尽管破译人类基因组 30 亿个碱基对序列所需的资金, 将比人类登月计划要少一个数量级, 但人类基因组计划对人类生活的影响更为深远。人类或许再也不会发现比这更重要的 "遗传说明书"。一旦这些 DNA 分子中编码的遗传信息被彻底解读, 它们将为人类存在的化学基础提供终极答案。这不仅有助于我们理解健康人体的运作机制, 还将从化学层面揭示遗传因素在癌症、阿尔茨海默病、精神分裂症等多种疾病中的作用, 这些疾病困扰数千万人的生命。

Although the final monies required to determine the human DNA sequence of some 3 billion base pairs (bp) will be an order of magnitude smaller than the monies needed to let men explore the moon, the implications of the Human Genome Project for human life are likely to be far greater. A more important set of instruction books will never be found by human beings. When finally interpreted, the genetic messages encoded within our DNA molecules will provide the ultimate answers to the chemical underpinnings of human existence. They will not only help us understand how we function as healthy human beings, but will also explain, at the chemical level, the role of genetic factors in a multitude of diseases, such as cancer, Alzheimer's disease, and schizophrenia, that diminish the individual lives of so many millions of people.

——詹姆斯·沃森 (James Watson, 1990)